AI
高效办公

用 Python 三分钟搞定全天工作

李长玖 李旻玥 ● 著

江西科学技术出版社

江西·南昌

图书在版编目（CIP）数据

AI 高效办公：用 Python 三分钟搞定全天工作 / 李长玖，李旻玥著. -- 南昌：江西科学技术出版社，2025.3. -- ISBN 978-7-5390-9423-6

Ⅰ．TP312.8

中国国家版本馆 CIP 数据核字第 2025K5X715 号

AI高效办公：用Python三分钟搞定全天工作
AI GAOXIAO BANGONG：
YONG Python SAN FENZHONG GAODING QUANTIAN GONGZUO

李长玖　李旻玥

出版发行	江西科学技术出版社
社址	南昌市蓼洲街2号附1号
	邮编：330009　电话：（0791）86623491　86639342（传真）
印刷	三河市双升印务有限公司
经销	全国新华书店
开本	710 mm×1000 mm　1/16
字数	170千字
印张	12.5
版次	2025年3月第1版
印次	2025年3月第1次印刷
书号	ISBN 978-7-5390-9423-6
定价	78.00元

国际互联网（Internet）地址：http://www.jxkjcbs.com　　选题序号：ZK2024413　赣版权登字：-03-2025-27
责任编辑：魏栋伟　　　　　　总策划：杨　青　　　　出版统筹：柴占伟
策划编辑：杜若婷　任　楷　装帧设计：张　晴　章　越
版权所有　侵权必究

（赣科版图书凡属印装错误，可向承印厂调换）

前言

在这个信息爆炸的时代，办公效率就是生产力。无论你是一名职场新人，还是经验丰富的专业人士，每天都在面临着相同的挑战——如何在有限的时间内完成更多的工作，如何让烦琐的日常任务变得简单高效。如果你曾经梦想过有一个得力助手，能够帮你处理那些重复的办公任务，让你腾出更多时间专注于真正重要的事情，那么恭喜你，你找对地方了。

本书旨在向各位读者展示如何将人工智能（AI）和Python编程结合来彻底改变工作方式。也许你会想："我又不是程序员，编程我怎么可能学得会。"别担心！本书正是为零基础的读者量身打造的。它将以较通俗易懂的语言，带你一步步探索这个令人兴奋的新领域。

本书聚焦于三个核心领域：Python编程基础、人工智能应用以及办公自动化。你可能会问，为什么选择Python？答案很简单，Python是当今最受欢迎的编程语言之一，它语法简洁，学习曲线平缓，特别适合初学者。更重要的是，Python在数据处理、人工智能和自动化领域有着广泛的应用，拥有丰富的库和工具支持。

我们的旅程将从Python的基础知识开始。你将学习如何搭建 Python 开发环境，了解 Python 语言的基本语法和结构。不用担心，本书会用生动的例子和实际的应用场景来解释这些概念，让你轻松掌握编程的基本方法。

接下来，将探讨人工智能的世界。你将了解什么是 AI，它能做什么，以及如何选择适合你需求的 AI 模型。还将教你如何利用 AI 来辅助编程，这不仅能大大提高你的工作效率，还能帮助你克服编程中的困难。

书的主体部分聚焦于办公自动化，将深入探讨如何使用 Python 脚本来处理日常办公中最常见的文档类型：Word、Excel 和 PDF。你将学会如何批量处理文档、自动化表格操作，以及如何让 PDF 文件变得更加灵活易用。这些技能可以帮助你节省大量的时间和精力，让你从烦琐的重复性工作中解放出来。

除此之外，还会涉及电子邮件的自动化处理，以及如何利用 AI 生成漂亮的数据图表。这些技能可以进一步提升你的工作效率，让你在职场中脱颖而出。每一章节都包含详细的步骤说明和实际的代码示例，你可以跟着书中的指导一步步操作，亲身体验编程和自动化的乐趣。

无论你是想提高工作效率的职场人士，还是对编程和 AI 感兴趣的学生，或者是希望为团队引入自动化解决方案的管理者，这本书都能为你提供宝贵的指导和灵感。通过阅读这本书并付诸实践，你将掌握一项在当今数字时代至关重要的技能：利用技术来简化工作流程，提高生产力。

让我们一起踏上这段激动人心的旅程吧！你准备好了吗？翻开这本书，开始你的 AI 办公之旅，让我们一起用 Python3 分钟搞定全天工作！

目录

◆ 基础篇 ◆

01 自动化办公与 Python

1.1 Python 语言简介   4
1.2 如何使用 Python 完成自动化办公   6
1.3 Python 开发环境部署   8
1.4 IDE 的部署   15

02 AI 能做什么

2.1 人工智能与机器学习   24
2.2 大模型的选择   29
2.3 使用 AI 进行编程   33

◆ 实战篇 ◆

03 Word 与自动化脚本

3.1 安装库文件   42
3.2 使用脚本创建 Word 文档   45
3.3 文档批量插入图片   55
3.4 自动化去除文档空行   59
3.5 删除文档中的重复内容   62
3.6 将 Word 文档批量转换为 PDF 格式   66

I

04 Excel 脚本的基础操作

4.1 Python 处理 Excel 的相关库　　72
4.2 Excel 文件的结构　　75
4.3 创建 Excel 文件　　78
4.4 获取文件清单　　83
4.5 将 Excel 文件自动归类　　87

05 Excel 自动化脚本进阶

5.1 批量为工作簿添加工作表　　94
5.2 批量插入某个文件内的工作表　　97
5.3 文件内部的工作表排序　　101
5.4 删除指定的工作表　　105
5.5 工作簿的拆分　　108
5.6 合并工作簿　　116
5.7 将某一列内容添加到其他工作表中　　119
5.8 从文件中提取指定信息　　122
5.9 制作索引表　　125
5.10 表格样式设置　　128
5.11 插入函数计算　　131
5.12 批量打印工作表　　134
5.13 错误排查方法　　137

06 PDF 自动化处理

6.1 处理 PDF 文件所使用的库文件　　144

6.2 拆分 PDF 文件　　147

6.3 合并 PDF 文件　　150

6.4 PDF 文件转图片　　153

6.5 图片转 PDF 文件　　159

6.6 提取 PDF 中的图片　　162

6.7 将 PDF 文件转换为 Word 文档　　165

6.8 提取 PDF 中的表格　　168

07 电子邮件与自动化脚本

7.1 常用邮件协议与库文件的引用　　176

7.2 使用脚本发送邮件　　180

7.3 批量接收邮件　　184

结　语　　189

基础篇

在现代职场中，以 Word 和 Excel 为代表的办公套件一直牢牢占据着办公应用的核心位置。虽然 Office 软件内置的 VBA 有着比较强大的功能，但是从系统的兼容性、功能实现以及运行效率上来说，Python 都是更好的选择。更何况自动化办公不单单是办公软件的自动化。如果使用 Python，我们就可以对系统内部的各种应用进行自动化管理，像是自动收发邮件也没有问题。

当然，对于用户来说，简单易用是同等重要的事情。借助于如今强大的生成式 AI，我们不需要掌握太多的知识就能熟练进行脚本代码的编写，而这个优势会进一步放大 Python 的各种优点，所以本书完全不会有太过深奥难懂的内容，AI 会让一切都变得易如反掌。

01

自动化办公与 Python

通过本章能够了解什么是 Python，以及如何实现自动化办公。作为全书的第一章，除了介绍基本理论知识外，还做了一些编写脚本的前期准备。

1.1 Python 语言简介

Python 在当下有着非常高的人气,被誉为最接近自然语言的编程语言。为什么这么说呢?Python 的设计哲学非常强调代码的可读性和简洁性,与其他语言相比,Python 的代码通常更容易读明白。假如想输出那句最经典的"Hello, world!",只需要在 Python 中写一行代码:

```
print("Hello, world!")
```

这种简洁性对于初学者是非常友好的,能够让他们把注意力放在解决问题上,而不是去纠结语言本身的语法结构。对于经验丰富的程序员来说,这同样也是一个优点。当然,简洁明了的语言结构更像是一道开胃菜,Python 真正强大的地方在于它庞大的库生态系统。

无论你想做网页开发、数据分析、人工智能还是自动化办公,Python 都有现成的库可以使用。比如,如果你想处理数据,可以用 Pandas 库;如果你想做机器学习,可以用 TensorFlow 或 PyTorch。如此丰富的库支持使得 Python 的用途非常广泛,而 Python 同时也是一种多范式编程语言,支持过程式、面向对象和少量的函数式编程。这意味着可以根据问题的需要,以不同的方式编写程序。Python 既适合快速编写小脚本,也能处理大型系统的开发,非常灵活。

在集成性方面,Python 能够轻松地结合 C/C++ 这些语言,因此在需要高性能运算的应用场景中，可以使用 Python 做高级编程和管理，而用 C/C++ 这些与硬件结合更紧密的编程语言来处理底层的计算密集型任务。从网络服务器到科学计算，从桌面应用到网络爬虫都有着 Python 的一席之地。世界上许多大公司都在使用 Python 来支持他们的基础设施和服务。

依托于自身优秀的素质，Python 社区也成了最有活力的编程社区之一，很多第三方库就来源于社区专业人士的贡献。无论你是编程新手还是老手，都可以在这里找到资源和帮助，许多高校和在线平台也都采用 Python 教授编程基础课程，这使得 Python 成为学习编程的热门选择。对于编写自动化脚本，这可能是最合适的语言了。

1.2 如何使用 Python 完成自动化办公

编程的底层逻辑是指令的发送与执行，所写的代码其实就是告诉计算机要做什么事情，以及在不同的情况下应该反馈什么样的信息。在这个过程中，编程语言就是人与计算机之间沟通的工具，就像真正的语言一样，我说一句话，对方听得懂，对方说一句话，我也能明白。

通过 Python 实现自动化的原理是类似的，编写脚本其实就是告诉计算机该做什么，怎么做。数据输入、数据处理、生成报表等事情都可以使用脚本来模拟人为的操作方式，比如打开文件、读取数据、执行数据运算以及保存结果，只不过程序的运行速度与效率要远远超过人类自身。

但是这种模拟是有前提的，Python 实现自动化办公的路径依赖于标准库和第三方库，这些库提供了操作文件和数据的接口。当 Python 脚本执行时，它会加载需要用到的库，这些库封装了底层的复杂操作，使得开发者可以用相对简单的代码完成复杂的任务。比如处理 Excel 文件时，Python 相关的库能够帮助计算机理解 Excel 文件的结构，借此来访问和修改单元格、创建图表等。

脚本中的命令会被 Python 解释器读取并转换成机器可以执行的低级命令。在这个过程中，Python 充当了人与计算机之间的桥梁，它接收开发者的高级命令（如读取一个 Excel 工作簿中的数据）并转化为计算机底层的操作（如文件 I/O 操作和内存管理）。

这样就不需要用户亲自进行重复的点击和输入操作，Python 程序就可以自动执行这些任务，从而节省时间和减少错误。

在文档处理之外的办公场景中，Python 还能够通过各种模块与外部系统进行交互。在一些需要与其他办公自动化系统集成的情况下，用户通过 Python 可以从网络发送请求以获取在线数据，或者与数据库交互以读取或更新信息。在自动化流程的设置中，Python 可以通过条件判断和循环等逻辑控制结构来处理数据异常和用户输入响应这些动态情况。因此，自动化脚本不仅限于执行机械性任务，还可以在遇到错误或异常时作出智能决策。

1.3 Python 开发环境部署

虽然 AI 可以帮助编写代码,但是如果想要让脚本在电脑上运行,那就还需要在本地部署一套 Python 的开发环境。简单来说,开发环境是一个帮助开发者工作的个人工作区,是一套用于编写和测试软件程序的工具。对于脚本的开发来说,开发环境包括计算机程序[比如文本编辑器或集成开发环境(IDE)]、数据库和其他用于创建和修改软件的工具。在这个环境中,开发者可以自由地写代码、运行程序来看它是否按预期工作并进行修改,直至一切正常。

1.3.1 Python 的下载与安装

进入 Python 的官方网站"https://www.python.org/"。

鼠标滑动到首页上方的菜单栏"Downloads"一项会自动弹出下拉菜单,选择其中的"Windows"选项(图 1-1),点击后会进入下载页面。

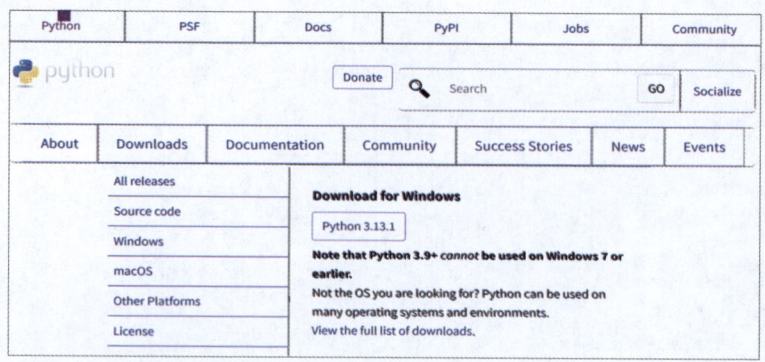

图 1-1 进入 Python 官网,选择"Windows"选项

Python 拥有非常多版本，这里下载最新的版本（Latest Python 3 Release，如图 1-2）即可。

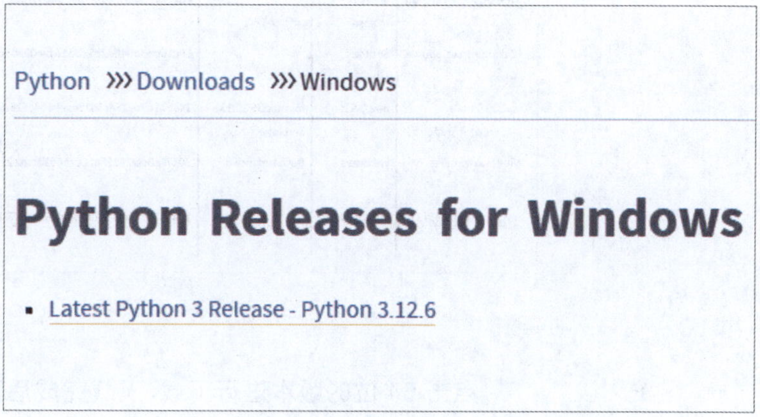

Python >>> Downloads >>> Windows

Python Releases for Windows

- Latest Python 3 Release - Python 3.12.6

图 1-2 下载最新版本的 Python

如果所使用的电脑安装的操作系统是 Windows 7，那么就只能使用 Python3.8 或者更低的版本。老版本在官方网站是下载不到的，只能去一些第三方的下载源进行下载。使用国内的下载源除了能找到老版本的 Python 之外，还能有效地解决下载速度过慢的问题，所以这也是本书更为推荐的做法。但是使用第三方的下载源会有安全方面的风险，所以一定要去一些正规的网站进行下载，比如清华大学的下载源。一般来说，国内的大学或者编程社区都会有相应的资源分享站点，大家自行在网上搜索即可。

点击想要下载的版本后会进入下载页面，在网页顶部是没有下载地址的，这里需要将网页拖动到接近底部，才会出现下载列表（图 1-3）。

Files							
Version	Operating System	Description	MD5 Sum	File Size	GPG	Sigstore	SBOM
Gzipped source tarball	Source release		6820ac52d77af870f795dabc64583234	27.9 MB	SIG	.sigstore	SPDX
XZ compressed source tarball	Source release		80c16badb94ffe235280d4d9a099b8bc	21.5 MB	SIG	.sigstore	SPDX
macOS 64-bit universal2 installer	macOS	for macOS 10.13 and later	19e5a1d9e8264c88706ac9604c526e9b	68.2 MB	SIG	.sigstore	
Windows installer (64-bit)	Windows	Recommended	90176c0cfa29327ab08c6083dcdcc210	27.4 MB	SIG	.sigstore	SPDX
Windows installer (32-bit)	Windows		12455257e0eaf8c7a3b0af6522647638	26.1 MB	SIG	.sigstore	SPDX

图 1-3 下载列表

点击 64 位的版本进行下载，下载完成后双击安装包进入安装界面。安装界面有两项可以选择，一个是快速安装，一个是自定义安装。快速安装会安装一些默认的项目，并且安装的位置会选在 C 盘。如果想要进行一些具体的设置，就可以选择自定义安装，如图 1-4 所示。

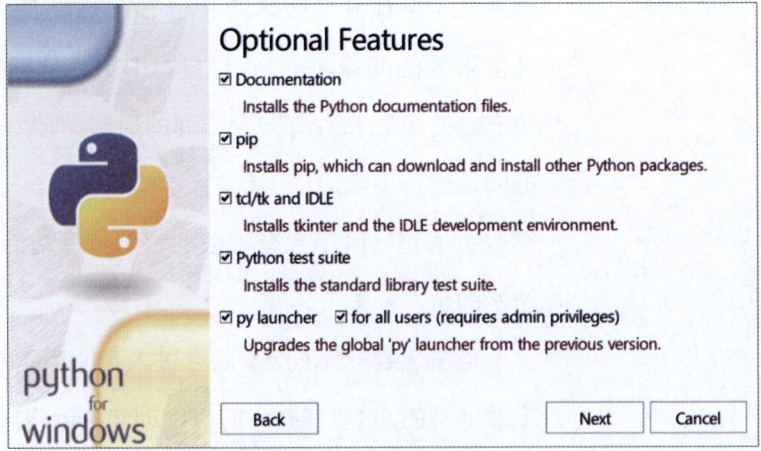

图 1-4 自定义安装

无论采取哪种安装方式，界面左下角的"Add python.exe to PATH"一定要处于选中状态，否则安装完成后还需要手动配置 Python 的环境变量关联路径。等待一段时间后，页面会跳转到安装成功的提示界面（图 1-5）。

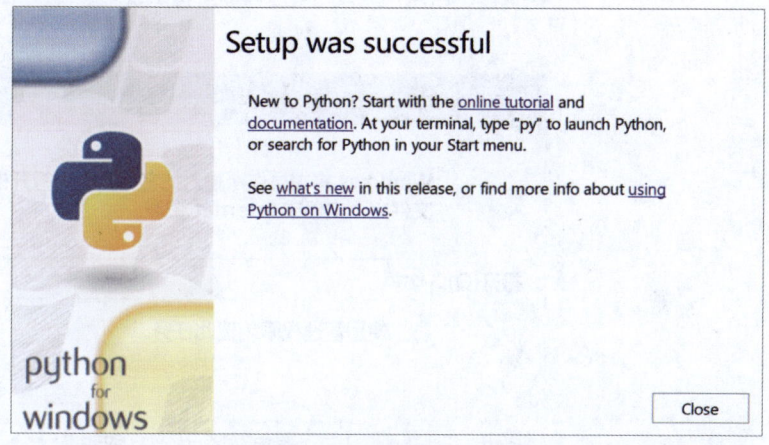

图 1-5 安装成功

1.3.2 配置源

完成安装后先不要着急，还需要配置后续更新与模块安装的下载源，以及更新 pip。pip 是 Python 的官方包管理器，全称是"Pip Installs Packages"，这是一个命令行工具，主要的作用是安装、升级和管理 Python 软件包。pip 允许用户从 Python Package Index（PyPI）中下载和安装在全球范围内开发者共享的软件包，这也是 Python 简单高效的重要原因之一。

在 Python 2.7.9 及以上版本和 Python 3.4 以上版本中，pip 默认是跟随 Python 环境一同安装的。如果需要单独安装或更新 pip，可以在命令行中使用以下命令：

```
python -m ensurepip
python -m pip install --upgrade pip
```

打开命令行的方式是按下"Win+R"的组合键,在运行窗口中输入"cmd"(图 1-6),按下回车。

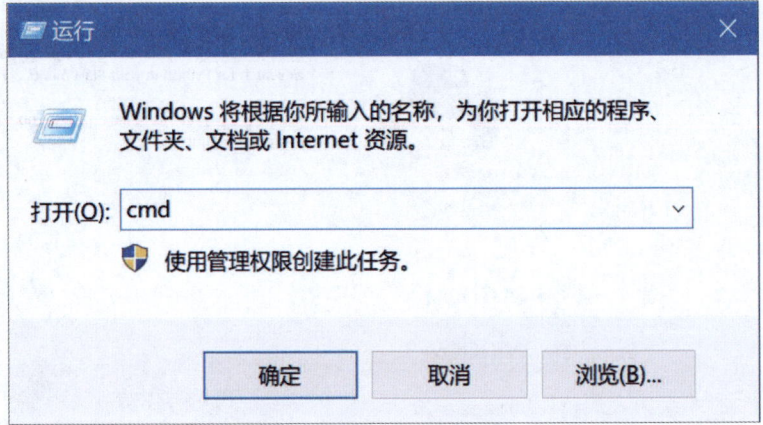

图 1-6 打开运行窗口输入"cmd"

命令行工具如图 1-7 所示。pip 的安装与更新命令便是在这里输入的,一定要注意命令行中所包含的空格,命令行工具对于空格是非常敏感的。假如有一些命令输入后无法执行,第一个需要考虑的原因就是是否输入错了空格,或者是漏掉了哪里的空格。

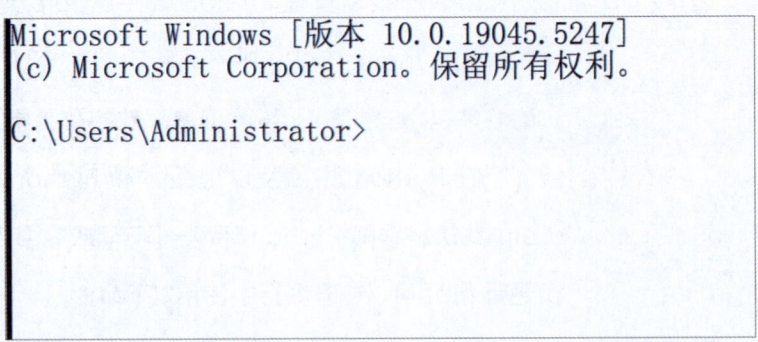

图 1-7 命令行工具

在本书后续的内容中会用到各式各样的 Python 库文件，这些库文件全都需要通过 pip 进行安装后才能正常使用，但是也不需要牵扯到太过复杂的功能，这里只需要了解安装、升级、卸载和列出已安装的包这四种最基础的软件包管理即可。

（1）安装指定的软件包。

```
pip install <package-name>
```

通过指定版本号来安装特定版本的包。

```
pip install <package-name>==<version>
```

（2）升级包。

```
pip install --upgrade <package-name>
```

（3）卸载包。

```
pip uninstall <package-name>
```

（4）列出已安装的包。

```
pip list
```

显示包信息。

```
pip show <package-name>
```

在尝试使用 pip 的时候大家可能会遇到一个问题，那就是速度非常慢。pip 的官方默认下载源在国外，这就会导致在国内进行链接时速度很不理想，这个问题解决起来其实也简单，只要将下载源换成国内的就好了。在命令提示窗口中输入下面的代码，将下载源替换为清华的 Python 包索引服务器。

```
pip config set global.index-url
https://pypi.tuna.tsinghua.edu.cn/simple
```

如果想替换为其他的源，只需要将第二行全局索引 URL（统一资源定位符）换为源的地址即可。输入代码后按下回车，成功的话会出现下面的提示。

```
Microsoft Windows [ 版本 10.0.19045.4780]
(c) Microsoft Corporation。保留所有权利。

C:\Users\Administrator>pip config set global.index-url
https://pypi.tuna.tsinghua.edu.cn/simple
Writing to
C:\Users\Administrator\AppData\Roaming\pip\pip.ini
```

完成配置之后的下载和更新速度就正常了。

1.4 IDE 的部署

IDE 的意思是集成开发环境，可以将其简单理解为建立在 Python 基础之上的高效、强大且用户友好的编程平台，使用它可以进一步降低编写脚本的门槛。

本书所采用的 IDE 是 PyCharm，这是由捷克的公司 JetBrains 开发的一款专业级的集成开发环境，专门为 Python 编程语言所设计。作为一个全功能的开发工具，PyCharm 通过整合现代的代码编辑、调试、测试、版本控制和其他各种功能，使得从写代码到部署应用的过程更加顺畅。相较于原生的开发环境，用户可以利用 IDE 更加轻松地维护代码的结构和清晰度。在脚本实现中所要用到的库都能够在其中进行安装和维护。

1.4.1 IDE 的下载与安装

进入 Pycharm 的官方网站，在左侧的菜单中选择相应的系统，点击下方的"Download"进入下载页面（图 1-8）。

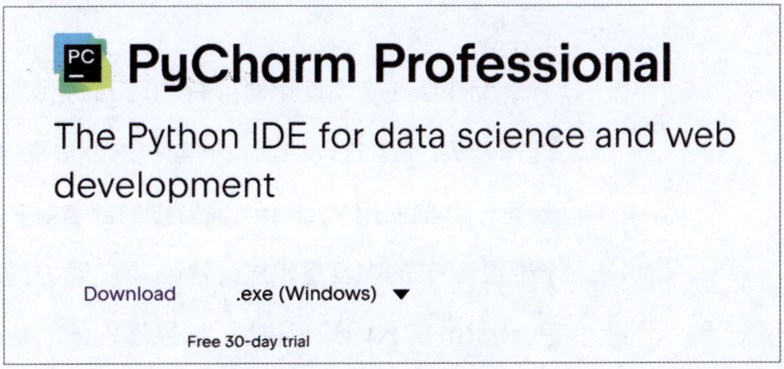

图 1-8 进入 Pycharm 官方网站下载页面

此时下载应该会自动开始，如果浏览器对自动下载进行了拦截的话，也可以点击页面中的"direct link"进行手动下载(图 1-9)。Pycharm 的安装还是比较简单的，这里不再赘述安装过程。

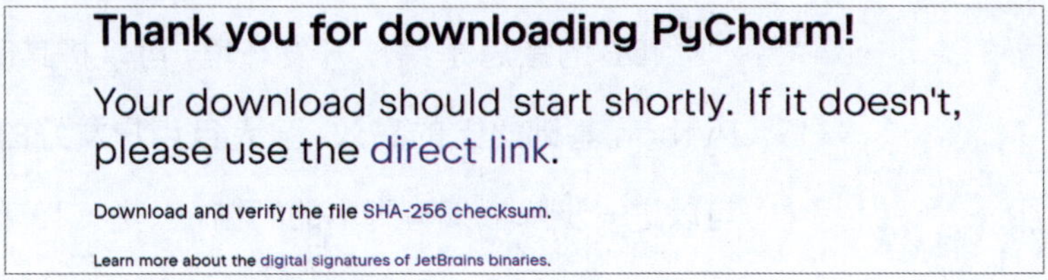

图 1-9 点击"direct link"手动下载

所安装的是 PyCharm Professional 版本，这个版本的功能是最完整的，但是收费。官方网站首页向下翻的话可以找到 PyCharm Community Edition 的下载地址（图 1-10），这个版本是免费的社区版本，比起专业版，社区版本会少一些功能。

图 1-10 PyCharm 社区版本下载

专业版在初次使用时会有 30 天的免费试用期，到期后可以选择购买，或者在网络上找一些别的办法继续使用专业版。另外还有一点要使用 Pycharm 需要提前部署好 Python 的开发环境，按照上一节的内容逐步执行就可以了。官方网站中也有一些关于 Pycharm 的入门知识讲解，如果感兴趣的话可以花一些时间浏览，这对后续的脚本执行是有好处的。

1.4.2 Pycharm 语言环境设置

首次打开 Pycharm 会进入新建工程界面，此时的 Pycharm 默认是英文环境。直接使用默认的配置创建工程即可，详细的配置暂时不用管，点击"Creat"进入工程界面，先把环境更换为中文环境（图1-11）。

图 1-11 初始工程创建界面

来到如图 1-12 所示的工程界面，点击左上角的"File"，在下拉菜单中点击"Settings"或者直接按下"Ctrl+Alt+S"的组合键进入设置页面。

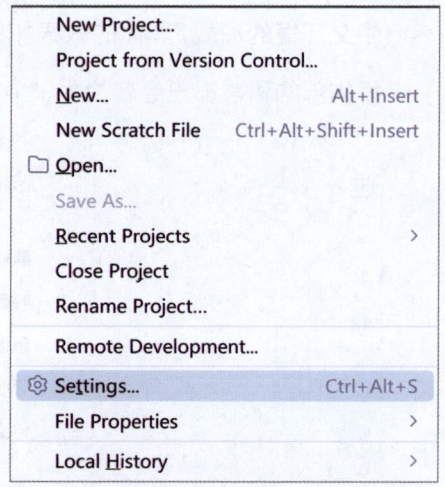

图 1-12 进入设置页面

在设置页面,从左侧的选项列表中找到"Plugins"插件大项,进入后点击上方的"Marketplace"插件市场,在其下方的表单搜索框中输入"Chinese"搜索相关项,此时下方的表单中会出现"Chinese (Simplified) Language Pack"这一项,图标是一个"汉"字,最后点击右侧的"Install"即可完成中文插件的安装(图1-13)。

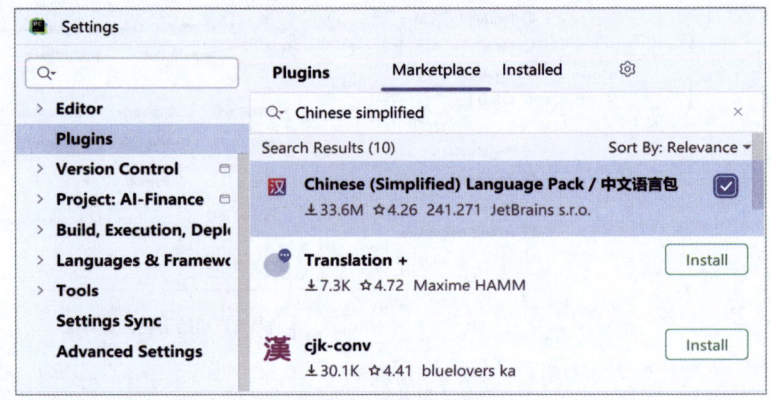

图 1-13 中文插件安装

本书演示时由于已经安装了插件,所以没有显示相应的安装选项,这里仅作展示。安装后需要退出并重新打开软件,以完成中文环境的加载,具体的效果如图 1-14,可以看到菜单栏以及环境内部的语言都已经转换为了中文。

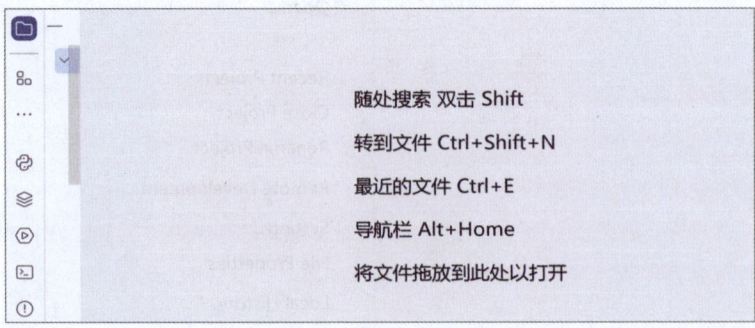

图 1-14 中文环境具体效果

此时的工作台还是空空荡荡的，要进行编程就肯定要有相应的文件存在，一个什么都没有的项目肯定什么都做不了，所以接下来需要创建一个 Python 文件。点击左上角的"文件"选项，在下拉菜单中选中"新建"，在弹出的新建菜单中选择"Python 文件"（图 1-15）。

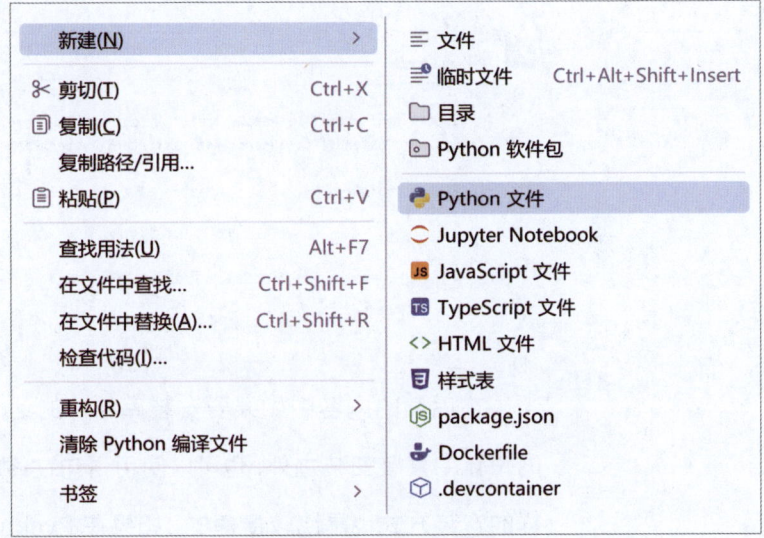

图 1-15 新建 Python 文件

创建 Python 文件后界面发生了一些变化，如图 1-16 所示。来认识一下其中最主要的四个区域。

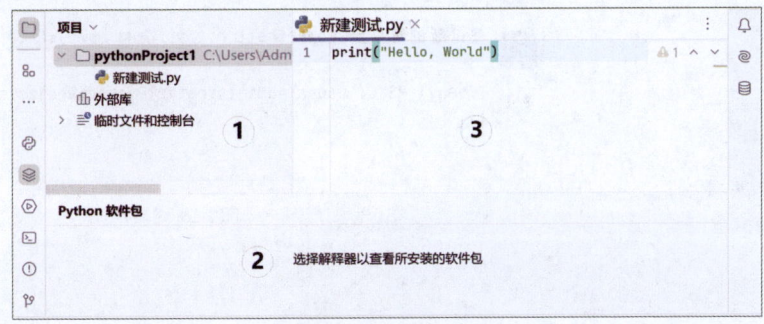

图 1-16 编程界面

1. 导航区   这个区域可以浏览当前的一些项目文件，点击后可以对这些文件进行编辑。

2. 底部工具区   工具区域集成了非常多功能，对我们来说，其中最主要的是控制台和终端两个部分。在控制台中，可以像在原生环境中一样，直接运行 Python 语句（图 1-17）。

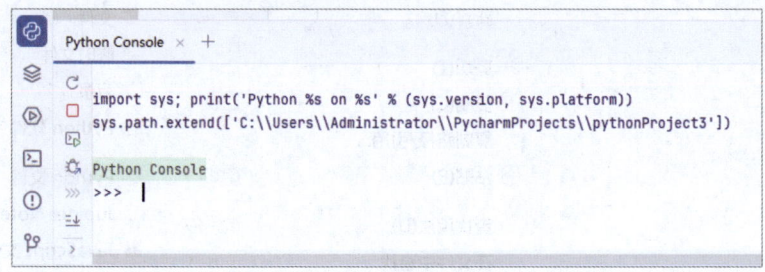

图 1-17 控制台

在后续的内容中如果要安装库组件的话，除了在 Pycharm 的设置中直接安装之外，也可以使用语句在终端中进行操作。这样的安装方式也是比较便捷的。如果在 Pycharm 的解释器中找不到需要的库，就可以在终端中试一试（图 1-18）。

图 1-18 终端界面

3. 代码编辑区

顾名思义，这里是代码编写与修改的区域。在框体的左侧会显示当前代码的行数，而主区域中的代码字体、颜色与排版格式也可以在设置中进行修改。在编写代码的过程中，有时右侧会显示黄色或者红色的感叹号，红色感叹号代表的是强警告，说明代码中有部分致命的错误会导致程序无法顺利运行。由于使用的是 AI 辅助的编程，一般来说在代码的语法上不会有问题，所以如果出现红色感叹号，最大的可能是代码体中引用的库没有正确安装。而黄色感叹号是弱警告的意思，一般情况下不需要理会。

4. 运行与 Debug

完成代码的录入之后，可以使用这两个功能来测试代码的实际运行情况。点击箭头，Pycharm 会完整地运行整段代码，从整体上去测试代码的运行状态，而旁边的那只小虫子则可以在代码段中设置断点，也就是只运行代码体中的部分代码，这样是为了更好地排查代码中出问题的部分。代码的运行状态会显示在底部工具区（图 1-19）。

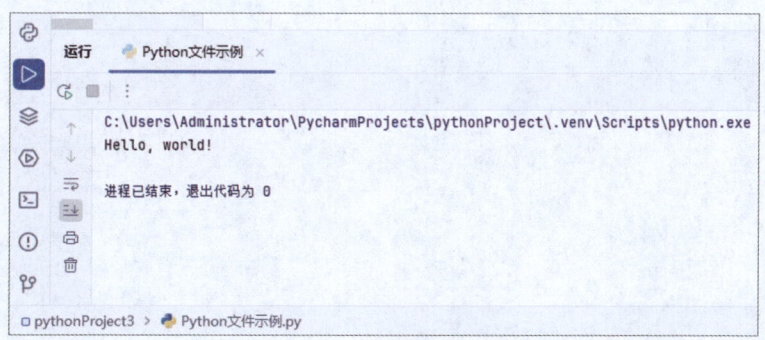

图 1-19 代码的运行状态

有的时候即使没有强警告，程序运行也会出现报错，这是很正常的。本书后续的内容中会告诉大家如果遇到这种情况应该如何处理。

02

AI 能做什么

人工智能（AI）是当今科技领域最热门的话题之一，但对许多人来说，它仍然是一个神秘而令人生畏的概念。了解 AI 的本质以及应用方法对于现代办公人员来说是一件非常重要的事情，本章将揭开 AI 的神秘面纱，解释它的基本概念，并展示如何使用 AI 来编写脚本代码。

2.1 人工智能与机器学习

2.1.1 什么是 AI

简单来说，人工智能就是用一些特别的方法来让计算机系统能够模仿人类的各种能力，比如学习、推理、解决问题，甚至是感知环境和理解语言。AI 系统通过复杂的算法和对大量数据的处理，能够执行传统上需要人类智能才能完成的任务。它就像是一个极其强大的数字助手，能够 24 小时不间断工作，处理海量信息，并从中发现人类难以察觉的模式和规律。

尽管 AI 听起来很高深，好像离我们很遥远，但实际上它已经悄然融入了人们的日常生活。当你使用智能手机的人脸识别功能解锁设备时，那就是 AI 在工作；当你使用语音助手如 Siri 或小爱同学查询信息或设置闹钟时，背后也是 AI 在运作；当你在文字处理软件中享受自动拼写检查的便利时，又是 AI 在默默帮助你；甚至在你浏览网购平台时看到的个性化商品推荐，也是 AI 根据你的浏览和购物历史进行智能分析的结果。在现代社会，AI 已经成为生活中不可或缺的一部分，即便人们可能并未意识到它的存在。

而随着 AI 技术的快速发展，一些担忧和误解也随之产生。最常见的一种担忧是 AI 会取代人类的工作，事实上，AI 更多的是作为人类的助手和工具，而不是竞争对手。就像工业革命改变了劳动力市场但并未导致大规模失业一样，AI 技术的发展可能会改变某些工作的性质，但同时也会创造新的就业机会。另一个常见的误解是 AI 太过复杂，普通人无法掌握，可实际上现代 AI 工具正变得越来越友好，使用它们并不需要深厚的技术背景。

一些人觉得 AI 远比人类聪明，或者担心 AI 可能会失控并统治世界。这些想法大多源于科幻作品，与现实相去甚远。虽然 AI 在某些特定任务上可能表现得比人类更优秀，但在创造力、情感理解等方面，人类仍然具有无可替代的优势。AI 是一种工具，其造成的结果取决于如何使用它。

也有人认为使用 AI 就是一种作弊行为，这种观点是纯粹的无稽之谈，他们忽视了在人类过往历史中技术进步对提高工作效率的重要性。与他们的理论恰恰相反，学会有效利用 AI 工具是适应现代社会的必要技能之一。

了解并掌握 AI 技术不仅不会威胁到你的工作，反而能够显著提升你的工作效率和竞争力，在后续的章节中，可以亲眼见证 AI 对于日常工作效率的巨大提升。AI 最大的作用是降低了很多专业性工作的门槛。就拿自动化脚本来说，编写自动化代码需要非常深厚的编程功底，只此一项就要劝退大部分的人。编程本就不是一个容易入门的学科，花费大量的时间和精力学习之后，可能也就只学会搬运别人的代码用一用，至于修改代码中的 bug，或者是让脚本符合自己特定的需求，就更是无从谈起。

AI 工具的出现直接消灭了这道门槛，一个完全没有接触过编程的人，经过几天的简单学习就可以写出大师级的自动化脚本，而且这些脚本全都可以做到因地制宜，你有什么样的需求，这些脚本就能完整地满足这些需求。而这，就是 AI 对于打工人的意义。

2.1.2 机器学习：AI 的"学习"方式

既然 AI 的目的是模仿人的智能，那么很显然，它们也得像人一样去学习。机器学习就是人工智能学习知识的实现方法，它赋予计算机从数据中自动学习和改进的能力，而无需明确的程序指令。简单来说，机器学习就像是在教计算机如何学习过往的经验，然后从经验中提炼出解决未来问题的方法。学成之后的 AI 就叫作"模型"，此时的 AI 已经出师，可以去执行任务了。

机器学习主要分为三个流派，分别叫作监督学习、无监督学习和强化学习。

监督学习是一种利用已知数据进行指导的学习方式，模型会被提供一组带有正确答案的数据集，这些数据包含输入和对应的输出（也称为"标签"）。模型的目标是找到输入与输出之间的映射关系，从而在面对新的未标记数据时，能够准确预测其结果。

举个例子，假设希望开发一个能够识别公司内部邮件是否属于垃圾邮件的系统，可以收集大量已经被标记为"垃圾邮件"和"正常邮件"的邮件样本作为训练数据。AI 通过学习这些样本中的特征，比如关键词、发件人地址等，建立起判断邮件类别的规则。当有新邮件到达时，系统就能根据所学知识自动判断其是否为垃圾邮件。

无监督学习则是在没有明确标签的数据上进行学习的方式，模型需要自行发现数据中的结构、模式或关系。什么意思呢？比如在办公室场景中，假设现在希望根据员工的工作行为将他们分成不同的群体，以制订个性化的激励措施。AI 收集了员工的工作时间、任务完成情况、协作频率等数据，但这些数据没有预先的分类标签。通过无监督学习的聚类算法，AI 可以根据数据的相似性，将员工划分为不同的群组，一些员工更偏向于团队合作，而另一些则更适合独立完成任务。这样，管理层就可以针对不同群体采取相应的管理策略。

与前两种流派不同，强化学习是一种通过与环境交互来学习策略的方式。AI（在强化学习中通常称为"智能体"）通过在环境中采取行动，获得反馈（奖励或惩罚），从而学习如何在不同情况下采取最优行动。著名的巴普洛夫驯狗法可以看作强化学习的鼻祖。

设想一个办公室的能耗管理系统，目标是降低能源消耗，系统需要根据实时的办公室使用情况，如人员数量、自然光强度、室内温度等，动态调整灯光和空调的设置。通过强化学习，系统在初始阶段可能会随机调整设置，并根据能源消耗和员工舒适度的反馈来给出正向或者负向的评分。随着时间的推移，系统会逐步学习到在不同情况下的最优设置，既节省能源，又能保证员工的舒适度。

2.1.3 深度学习与大模型：AI的"深层思考"

深度学习是人工智能进一步发展的一个分支，这种学习方式通过模拟人类的神经网络，让计算机能够以类似人类思考的方式处理复杂的数据和任务。

要理解计算机的神经网络，最直观的方法是将其与人脑进行类比。人脑由数以百亿计的神经元组成，这些神经元通过复杂的网络连接，负责处理和传递信息。当感知外界刺激时，神经元之间会传递电信号，经过多层次的处理，最终形成认知和反应。

类似地，人工神经网络由大量的"人工神经元"组成，这些神经元以层的形式连接在一起，每个神经元接受输入信号，经过计算后输出结果，再传递给下一层的神经元，这种层层递进的结构使得神经网络能够处理复杂的非线性问题。通过大量的数据训练，神经网络可以自动学习数据中的模式和特征，而无须人为设计规则。

最初的神经网络由于计算能力和数据规模的限制，层数较少，模型规模小，只能解决简单的问题。随着计算机硬件的进步，尤其是 GPU（图形处理单元）的应用，训练更深层次的神经网络成为可能。新的优化算法和技术大大提高了训练深层神经网络的效率和稳定性，使得深度学习模型在处理复杂任务时表现更加出色。

到了互联网时代，飞速的网络和移动设备的普及产生了海量的多媒体数据，为训练深度学习模型提供了丰富的"养料"。同时，云计算和高性能计算集群的出现，提供了充足的计算资源，支持训练庞大的模型。在这些条件的推动下，研究者开始探索更大规模的模型，如 BERT、GPT-3 等。这些模型拥有数十亿到上万亿的参数，能够捕捉语言和知识的深层次结构，也就被称为"预训练大模型"。

大模型的优点在于其强大的泛化能力和迁移学习能力，通过在大规模数据上进行预训练，模型学到了通用的特征表示，可以轻松地适应各种下游任务，如翻译、问答、文本生成等。

2.2 大模型的选择

经过不断的发展,大型语言模型(Large Language Models, LLMs)近年来取得了突飞猛进的发展,这些模型凭借其强大的语言理解和生成能力,正在重塑与技术交互的方式。本节将介绍几个最具代表性的主流大模型,包括来自国际科技巨头的佼佼者以及中国本土培育的新秀。让我们一起认识这些改变世界的AI"大脑"。

2.2.1 OpenAI 的 GPT 系列

GPT (Generative Pre-trained Transformer) 系列(图 2-1)是由 OpenAI 开发的大型语言模型家族,堪称当前最负盛名的 AI 模型之一。自 2018 年首次亮相以来,GPT 系列经历了多次迭代升级,每一代都在规模和能力上有显著提升。

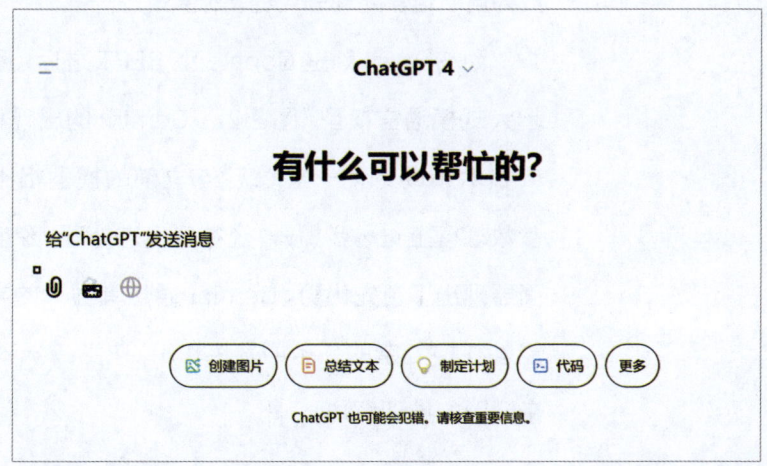

图 2-1 ChatGPT

GPT-1 作为起点，虽然规模相对较小，但已展现出语言模型的潜力。GPT-2 的出现则引发了对 AI 潜在风险的讨论，其生成的文本质量之高令人惊叹。2020 年发布的 GPT-3 是一个里程碑式的突破，拥有 1750 亿参数，在各种自然语言处理任务中展现出惊人的性能，甚至能够进行简单的编程和数学推理。

最新的 GPT-4 更是将能力提升到了新的高度，它不仅在语言理解和生成方面更加精准，还具备了多模态输入的能力，可以理解和分析图像。GPT-4 的推理能力、创造力和通用性使其成为迄今为止最接近通用人工智能的模型之一。

2.2.2 Google 的 BERT 和 Gemini

作为 AI 领域的领军者，Google 也在大模型研发上投入了大量资源。BERT (Bidirectional Encoder Representations from Transformers) 是 Google 在 2018 年推出的预训练语言模型，它的创新之处在于双向语言理解能力。BERT 在多项 NLP（自然语言处理）任务中刷新了纪录，如问答系统、情感分析等，并迅速成为自然语言处理领域的基础架构之一。

而 Gemini 则是 Google 继 BERT 之后，近年来推出的最新超大规模语言模型（图 2-2）。Gemini 的出现标志着 Google 在 AI 技术领域的又一次飞跃。与之前的模型相比，Gemini 不仅在参数规模上进一步提升，还在多模态处理、深度推理和创造力方面展现出了领先优势。Gemini 通过其强大的学习和推理能力，能够在更复杂的任务中发挥作用，包括跨学科的科学研究和复杂问题的推理解决。

图 2-2 Gemini

2.2.3 国内的文心一言、讯飞星火等

中国科技公司在大模型研发上也不甘落后。百度的文心一言是中国首个公开可用的大规模对话语言模型，能够进行多轮对话、内容创作、数学计算等任务（图 2-3）。文心一言不仅在中文处理上表现出色，还具备跨语言理解能力，体现了中国在 AI 领域的技术实力。

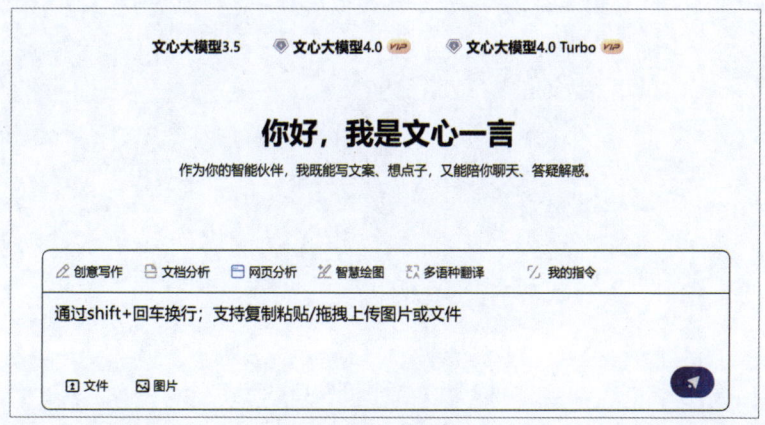

图 2-3 文心一言

科大讯飞的星火认知大模型则专注于中文理解和生成,在多个中文 NLP 基准测试中表现优异。讯飞星火模型的一大特色是其在专业领域的深度应用,如医疗、教育、法律等,展现了 AI 在垂直行业的巨大潜力。

除此之外,智谱 AI 的 GLM、华为的盘古、阿里的通义千问等也都是国产大模型的重要代表,它们各自在不同领域和场景中发挥着重要作用,推动着中国 AI 技术的快速发展。

这些主流大模型不仅代表了当前自然语言处理技术的最高水平,也正在深刻改变着人们的生活和工作方式。从智能助手到内容创作,从代码生成到科学研究,大模型的应用范围正在不断扩大。然而,也需要注意到大模型带来的挑战,如数据隐私、伦理问题、潜在的偏见等,这些都需要在推进 AI 技术发展的同时认真思考和解决。

本书出于易用度的考虑,选择了文心一言作为编写脚本代码的主力大模型。作为国产大模型中的佼佼者,文心一言在代码方面的表现是非常不俗的。

2.3 使用 AI 进行编程

出色的文本处理能力让大模型有了编写代码的能力,毕竟从本质上讲,代码其实就是一种文本。先从一个简单的示例说起,把下面的提示词发送给 AI。

> **问:**
>
> 请编写一段 Python 代码,实现功能如下:
>
> 在运行程序的时候生成 5 个输入框,提示用户在这 5 个输入框中输入阿拉伯数字,点击面板上的"确认"按钮之后,程序会将输入的 5 个数字转化为罗马数字并进行展示。

文心一言的回答如下:

> **文心:**
>
> 以下是一段使用 Python 编写的代码,实现了您描述的功能。运行程序后,会生成 5 个输入框,提示用户输入阿拉伯数字。点击"确认"按钮后,程序将输入的数字转换为罗马数字并显示。
>
> ```Python
> import tkinter as tk
> from tkinter import messagebox
>
> # 定义函数:将整数转换为罗马数字
> def int_to_roman(num):
>     val = [
>         1000, 900, 500, 400,
>         100, 90, 50, 40,
>         10, 9, 5, 4,
>         1
>         ]
>     syms = [
>     "M", "CM", "D", "CD",
>         "C", "XC", "L", "XL",
>         "X", "IX", "V", "IV",
>         "I"
> ```

```python
    ]
    roman_num = ''
    i = 0
    while num > 0 and i < len(val):
        for _ in range(num // val[i]):
            roman_num += syms[i]
            num -= val[i]
        i += 1
    return roman_num

# 确认按钮的回调函数
def confirm():
    roman_numerals = []
    for entry in entries:
        value = entry.get()
        try:
            num = int(value)
            if num <= 0:
                raise ValueError
            roman = int_to_roman(num)
            roman_numerals.append(roman)
        except ValueError:
            messagebox.showerror(" 输入错误 ", f" 请输入正整数, '{value}' 不是有效的数字。 ")
            return
    result = "\n".join(roman_numerals)
    messagebox.showinfo(" 罗马数字转换结果 ", result)

# 创建主窗口
root = tk.Tk()
root.title(" 阿拉伯数字转罗马数字 ")

entries = []

# 创建 5 个输入框
for i in range(5):
    tk.Label(root, text=f" 请输入第 {i+1} 个数字: ").grid(row=i, column=0, padx=5, pady=5)
    entry = tk.Entry(root)
    entry.grid(row=i, column=1, padx=5, pady=5)
    entries.append(entry)

# 创建确认按钮
confirm_button = tk.Button(root, text=" 确认 ", command=confirm)
confirm_button.grid(row=5, column=0, columnspan=2, pady=10)

# 运行主循环
root.mainloop()
```

代码说明:

  int_to_roman 函数: 将输入的整数转换为对应的罗马数字。

  confirm 函数: 获取用户在输入框中输入的数字, 进行验证并转换为罗马数字, 然后通过消息框显示结果。

  Tkinter 界面部分: 创建主窗口、标签、输入框和按钮, 布局采用网格方式。

使用方法：
1. 将上述代码保存为 roman_converter.py。
2. 确保您的计算机已安装 Python 环境（建议使用 Python 3）。
3. 在命令行或终端中运行 Python roman_converter.py。
4. 程序启动后，在生成的 5 个输入框中输入阿拉伯数字。
5. 点击"确认"按钮，程序将显示转换后的罗马数字。

注意事项：
输入的必须是正整数，程序会对输入进行验证。
如果输入无效，程序会弹出错误提示，要求重新输入。
希望这段代码能满足您的需求！

是不是很神奇？只是简单地说了几句话，AI 就直接把代码写完了。赶紧打开刚安装好的 Pycharm，把这段代码粘贴到代码编辑区里面（图 2-4）。

```python
import tkinter as tk
from tkinter import messagebox

# 1 个用法
def int_to_roman(num):
    val = [
        1000, 900, 500, 400,
        100, 90, 50, 40,
        10, 9, 5, 4,
        1
    ]
    syms = [
        "M", "CM", "D", "CD",
        "C", "XC", "L", "XL",
```

图 2-4 打开 Pycharm 粘贴代码

检查一遍代码，没什么问题就可以运行这段代码看看效果。经过一段时间的运行，计算机在屏幕上弹出了一个界面（图 2-5）。

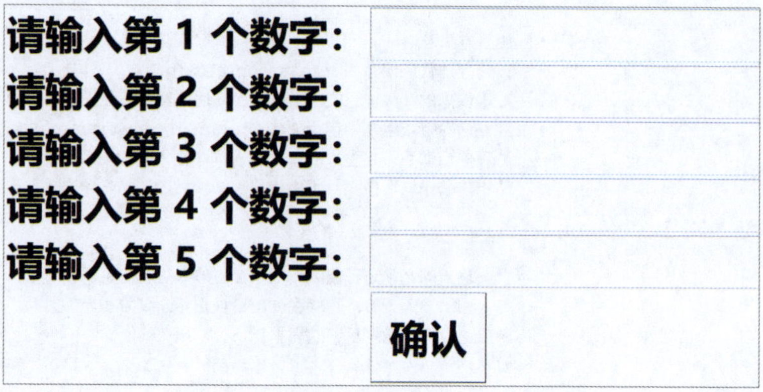

```
请输入第 1 个数字：
请输入第 2 个数字：
请输入第 3 个数字：
请输入第 4 个数字：
请输入第 5 个数字：
                        确认
```

图 2-5 运行后弹出的程序界面

非常成功！但是也不能高兴得太早,还没有测试程序的功能。接下来输入一组数字,看看程序能不能正常地实现将阿拉伯数字转换为罗马数字的作业(图 2-6)。

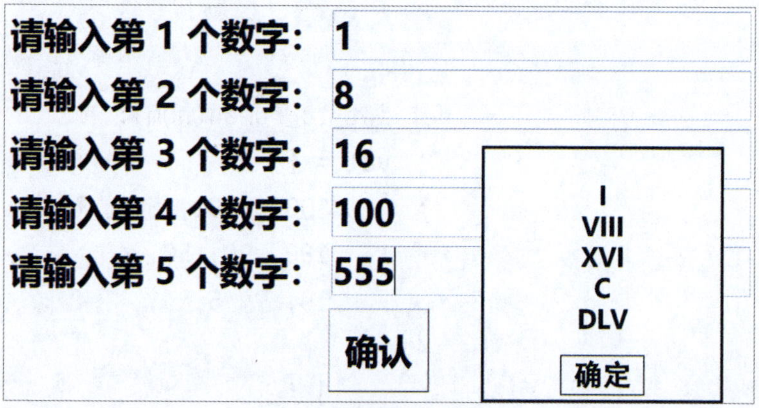

```
请输入第 1 个数字： 1
请输入第 2 个数字： 8
请输入第 3 个数字： 16         I
请输入第 4 个数字： 100       VIII
请输入第 5 个数字： 555       XVI
                              C
           确认              DLV
                             确定
```

图 2-6 测试结果

经过测试,完全没有问题,现在可以放下心了。上面所演示的就是使用 AI 编程的一套完整的流程,下面来总结一下具体的流程。

1. **总结需求**　　将想让程序脚本实现的功能总结出来，形成简洁明了、条理清晰的提示文字。

2. **输入需求**　　将这些需求汇总并输入 AI。

3. **等待生成**　　AI 生成代码是需要时间的，机器也得好好想想该怎么办。

4. **初步审查**　　不需要检查代码，这里只是看一眼 AI 在代码前后的描述性文字，看看它大体上有没有跑偏。

5. **粘贴代码**　　把代码复制到 Pycharm 的编辑区里面。复制完先不要急，看一眼区域面板的右上角是否有红色的强警告，看看涉及的库模块有没有正确安装。

6. **运行测试**　　如果都没有问题，那就直接运行这段代码进行测试，看看程序能否正确实现需要的效果。如果不能，即时跟 AI 反馈修改，这一点还需要展开详细讲一讲，本书把这些内容安排在了第 5 章最后的部分，心急的朋友也可以先翻到那里了解一下。

7. **保存文件**　　如果可以顺利运行，那么就把脚本保存下来，起一个能体现功能的名字，保存到一个你能记住的位置，留待使用。

　　生成式 AI 的出现降低了编写程序的门槛，尤其是到了现在，AI 的编程能力在日新月异地进化，这就给了我们使用 AI 来满足自己工作需求的底气。经过基础篇的学习，大家可以发现一件有趣的事情——编程反而成了这本书中最轻松的部分，就连安装开发环境都要比它有难度。这就是科技带来的改变，这就是 AI 带来的进步。

实 战 篇

从这一部分开始就要进入实际的脚本编写与应用环节了。概括来说，主要是解决两方面的问题：

一方面，如何使用 Python 搞定办公套件的自动化；另一方面，如何使用 AI 搞定 Python。

03

Word 与自动化脚本

这里所提到的 Word 文档只是指向一种文档格式,跟使用微软的 Office 套件还是使用 WPS 都是不相干的,无论你使用的是哪款文档编辑软件,都可以使用自动化脚本对文档进行操作。

3.1 安装库文件

如果要使用 Python 来编写文档操作的脚本，那么导入相应的库文件是不可缺少的。

pywin32 是一个非常强大的 Python 库，它提供了对 WindowsAPI 的广泛访问权限，允许 Python 脚本与 Windows 操作系统及其应用进行交互。通过 pywin32，开发者可以直接调用 WindowsAPI 或使用 COM 组件，以编程的方式控制 Microsoft Office 应用（如 Word、Excel、Outlook 等），所以 pywin32 在需要深度集成和控制 Windows 环境时是不可缺少的。像是读取或编辑 Office 文档、操作注册表、管理 Windows 服务和进程等都可以通过 pywin32 来实现。

python-docx 库用于在 Python 环境下创建和更新 Microsoft Word(.docx) 文件。与 pywin32 提供的底层系统控制不同，python-docx 更加专注于 Word 文档的内容管理，用户可以通过 python-docx 轻松地添加或编辑文档文本、插入图片、调整格式、操作表格等。这个库的主要优点是它不依赖于 Microsoft Word 应用本身，因此可以在不安装 Microsoft Office 的环境中使用，如 Linux 或 macOS 系统。python-docx 也支持从头开始创建全新的 Word 文档或修改现有文档，非常适合需要程序化生成或编辑大量文档的场景。

下面来看一下在 IDE 中安装库文件的一般方法。在工程界面选择"文件"菜单下的"设置"（或使用快捷键"Ctrl+Alt+S"），如图 3-1 所示。

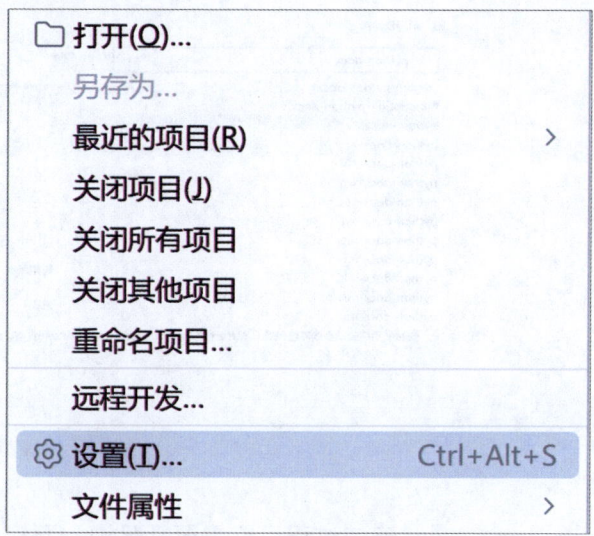

图 3-1 进入设置页面

在设置窗口中,展开"项目:[项目名]"选项,然后选择其下的"Python 解释器"(图 3-2)。

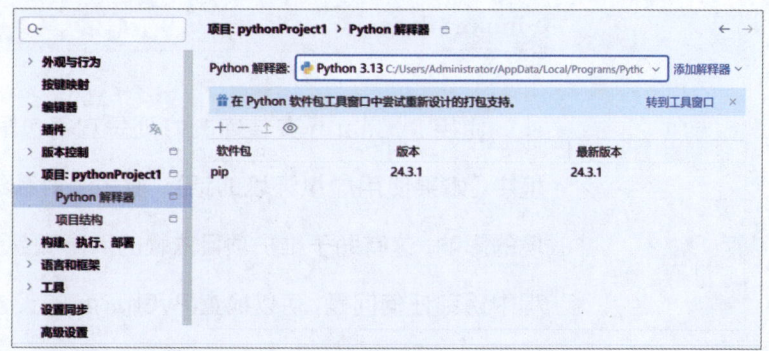

图 3-2 设置面板

在 Python 解释器页面,点击左上角的"+"号(或"Add"按钮),在打开的"可用软件包"窗口中找到搜索框,搜索"python-docx"。找到 python-docx 后,选中它,然后点击"安装软件包"(图 3-3)。

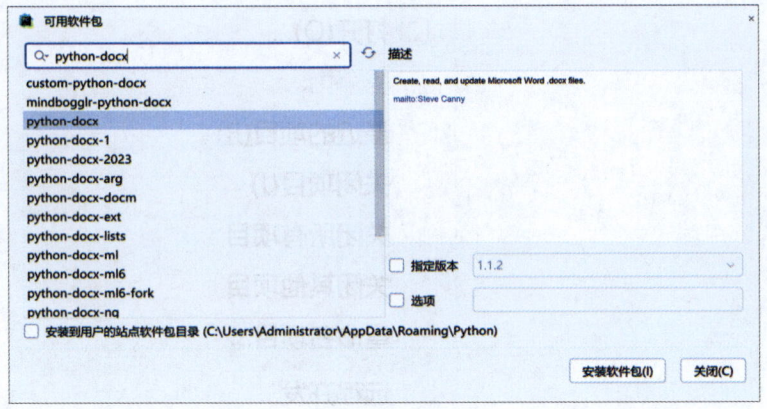

图 3-3 安装库

安装过程可能需要几分钟,具体时间取决于网络速度和系统性能。安装完成后会看到提示,说明软件包已安装。

接下来在 PyCharm 的终端或任何 Python 文件中,通过下面的语句尝试导入 docx 库来检查是否成功安装:

```
import docx
```

使用 PyCharm 安装库的好处是它将包限制在项目虚拟环境中(如果使用虚拟环境的话),避免了对系统全局 Python 环境的影响,这有助于维护项目依赖的清晰和整洁。如果在安装过程中遇到任何问题,可以检查 PyCharm 的设置以及确保网络连接正常。

3.2 使用脚本创建 Word 文档

现在有一份文件，也许是通知，也许是合同，需要将文件发送给不同的同事，但是每个人的文件内容又不尽相同，比如每份文件中需要填写每位同事的姓名。一定要养成一种习惯，在遇到类似的工作需求的时候，第一件事情就是看看能否使用自动化脚本来实现。

需求整理： 要有一份文件的模板，这个模板包含了文件的主要内容，但是具体的姓名信息是没有填入的。现在需要用脚本为每名同事都生成一份 Word 文档，文档的信息要针对不同的姓名进行填写。

在使用 AI 编写脚本的时候，一定要把话讲得清清楚楚、明明白白，不要有歧义，这是最需要做好的一件事情。如果不清楚怎么说，可以先试着模仿本书的提示词风格，慢慢写，慢慢练，这不是一件困难的事情。将需求梳理清楚，输入 AI，让它想想办法。

> **问：**
>
> 请使用 Python 编写一段自动化脚本，需求如下：
>
> 为每名员工创建一个 Word 文档，文档内容为放假通知，内容如下：
>
> "
>
> 2024 年国庆节放假通知
>
> XXX：
>
> 2024 年国庆节假期将至，根据《国务院办公厅关于 2024 年部分节假日安排的通知》，并考虑公司实际情况，放假期间相关工作事宜安排如下：
>
> ……………
>
> 员工出行请注意安全，并遵守相关法律法规，提前做好返程安排，确保如期上班。

人力资源：秋小姐

"

其中"XXX"请替换为员工姓名，员工名录如下：

"张三，李四，王五，赵六，刘七，钱八。"

存储地址为：D:\work\python-word

文心：

好的，以下是一个 Python 脚本，该脚本将按照你的要求为每名员工创建一个 Word 文档，并将文档保存在指定的目录下：

```Python
from docx import Document
import os

# 员工名录
employees = ["张三","李四","王五","赵六","刘七","钱八"]

# 文档模板内容
template_content = """
2024 年国庆节放假通知
{}：
2024 年国庆节假期将至，根据《国务院办公厅关于 2024 年部分节假日安排的通知》，并考虑公司实际情况，放假期间相关工作事宜安排如下：
…………
员工出行请注意安全，并遵守相关法律法规，提前做好返程安排，确保如期上班。
人力资源：秋小姐
"""

# 存储地址
save_path = 'D:\\work\\python-word'

# 确保存储目录存在
if not os.path.exists(save_path):
    os.makedirs(save_path)

# 为每名员工创建文档
for employee in employees:
    # 创建文档对象
    doc = Document()
    # 添加放假通知内容
    doc.add_paragraph(template_content.format(employee))

    # 保存文档
```

```
    doc_path = os.path.join(save_path, f"{employee}_国庆节放假通知.docx")
    doc.save(doc_path)
    print(f"文档 {doc_path} 已创建。")

print("所有文档创建完成。")
```

这段脚本会在指定的目录（D:\work\python-word）中为每名员工创建一个包含个性化放假通知的 Word 文档。

将代码复制到 Pycharm 中，点击运行，结果如下：

```
C:\Users\Administrator\PycharmProjects\pythonProject\.venv\Scripts\python.exe C:\Users\Administrator\PycharmProjects\python-word\word自动化.py
文档 D:\work\python-word\张三_国庆节放假通知.docx 已创建。
文档 D:\work\python-word\李四_国庆节放假通知.docx 已创建。
文档 D:\work\python-word\王五_国庆节放假通知.docx 已创建。
文档 D:\work\python-word\赵六_国庆节放假通知.docx 已创建。
文档 D:\work\python-word\刘七_国庆节放假通知.docx 已创建。
文档 D:\work\python-word\钱八_国庆节放假通知.docx 已创建。
所有文档创建完成。

进程已结束，退出代码为 0
```

这个时候脚本已经在指定的文件路径下创建了几个文本文档，具体的效果如图 3-4 所示。

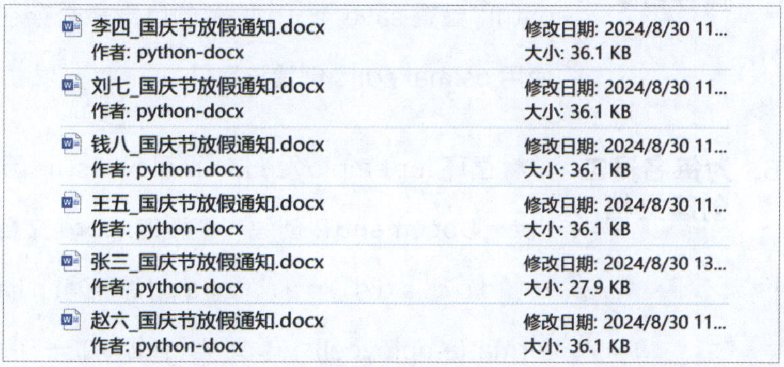

图 3-4 生成的文本文档

我们来简单分析一下这段代码。

1. **引入库文件**

    from docx import Document: 在一开始的代码中导入了 Document 类，这是 python-docx 库的一部分，用于创建和修改 Word 文档。

    import os: 导入 os 模块，提供了与操作系统交互的功能，如文件路径操作和目录管理。

2. **员工名录定义**

    employees = ["张三","李四","王五","赵六","刘七","钱八"]: 定义一个列表 employees，包含了所有需要生成文档的员工姓名。

3. **文档模板内容**

    template_content: 定义一个多行字符串，用于存储放假通知的模板内容。模板中使用了占位符 {}，它将在后续代码中被员工的具体名字替换。

4. **设置文档保存路径**

    save_path = 'D:\\work\\python-word': 指定文档的保存路径。路径使用了绝对路径，并使用了双反斜杠 (\\) 来避免字符串中的转义问题。

5. **检查并创建保存目录**

    if not os.path.exists(save_path): os.makedirs(save_path): 检查 save_path 指定的目录是否存在，如果不存在，则使用 os.makedirs 创建该目录。

6. **为每名员工创建文档**

    循环 for employee in employees: 遍历每名员工的名字。
    doc = Document(): 创建一个新的 Word 文档对象。
    doc.add_paragraph(template_content.format(employee)): 向文档中添加一个段落，内容是将 template_content 模板中的 {} 替换为当前员工的名字。

doc_path = os.path.join(save_path, f"{employee}_国庆节放假通知.docx")：构建当前员工文档的完整路径，文件名包括员工的名字和"国庆节放假通知"字样。

doc.save(doc_path)：保存文档到上一步构建的路径。

print(f" 文档 {doc_path} 已创建。")：打印消息，通知文档已被成功创建。

print(" 所有文档创建完成。")：当所有员工的文档都创建完成后，打印确认信息。

整体上，这段代码逻辑清晰，有效地实现了为多名员工自动创建带有个性化内容的 Word 文档的功能。AI 在编写代码时也考虑了异常情况，比如目标目录不存在时自动创建目录，避免了文件保存时可能出现的错误。所生成的文档内容如图 3-5 所示。

```
2024 年国庆节放假通知
张三：
2024 年国庆节假期将至，根据《国务院办公厅关于 2024 年部分节假日安排的通知》，并考
虑公司实际情况，放假期间相关工作事宜安排如下：
…………
员工出行请注意安全，并遵守相关法律法规，提前做好返程安排，确保如期上班。
人力资源：秋小姐
```

图 3-5 脚本生成的文档内容

文档的内容是没有问题的，但是它的格式、字体等并不合适，为此还需要提出进一步的修改需求，从代码层面对这些内容作出修改。

问：

请对代码进行修改，要求如下：

1. 所有文字均改为"宋体"。

2. 文章标题"2024 年国庆节放假通知"要放在首行，居中，大小为三号字。

3. 正文部分："张三：

2024 年国庆节假期将至，根据《国务院办公厅关于 2024 年部分节假日安排的通知》，并考虑公司实际情况，放假期间相关工作事宜安排如下：

....

员工出行请注意安全，并遵守相关法律法规，提前做好返程安排，确保如期上班。"每段首行要缩进两个字符，字号大小为五号字。

4. 结尾"人力资源：秋小姐"要右对齐，字号大小为五号字。

文心：

下面是修改后的代码，满足所有的格式要求，包括字体设置、标题居中、正文缩进以及结尾对齐：

```Python
from docx import Document
from docx.shared import Pt  # 导入 Pt，用于定义字号
from docx.enum.text import WD_PARAGRAPH_ALIGNMENT
# 导入枚举，用于对齐段落
from docx.oxml.ns import qn
# 导入 qn，用于 XML 命名空间的引用
from docx.oxml import OxmlElement  # 用于直接操作 XML 元素
import os

# 员工名录
employees = ["张三", "李四", "王五", "赵六", "刘七", "钱八"]

# 文档模板内容
template_content = """
{}：
2024 年国庆节假期将至，根据《国务院办公厅关于 2024 年部分节假日安排的通知》，并考虑公司实际情况，放假期间相关工作事宜安排如下：
............
员工出行请注意安全，并遵守相关法律法规，提前做好返程安排，确保如期上班。
"""

# 存储地址
save_path = 'D:\\work\\python-word'
```

```python
# 确保存储目录存在
if not os.path.exists(save_path):
    os.makedirs(save_path)

# 为每名员工创建文档
for employee in employees:
    doc = Document()

    # 设置整个文档的默认字体为宋体
    doc.styles['Normal'].font.name = '宋体'
    doc.styles['Normal'].element.rPr.rFonts.set(qn('w:eastAsia'), '宋体')

    # 设置标题
    title = doc.add_paragraph('2024年国庆节放假通知')
    title.alignment = WD_PARAGRAPH_ALIGNMENT.CENTER
    title.style = doc.styles['Normal']
    run_title = title.runs[0]
    run_title.font.size = Pt(16)  # 三号字大约16磅

    # 添加放假通知内容
    paragraph = doc.add_paragraph()
    run = paragraph.add_run(template_content.format(employee))
    run.font.size = Pt(10.5)  # 五号字大约10.5磅
    paragraph_format = paragraph.paragraph_format
    paragraph_format.first_line_indent = Pt(24)
# 首行缩进两个字符大约24磅

    # 添加结尾
    hr = doc.add_paragraph(style='Normal')
    hr.alignment = WD_PARAGRAPH_ALIGNMENT.RIGHT
    run_hr = hr.add_run('人力资源：秋小姐')
    run_hr.font.size = Pt(10.5)  # 五号字大约10.5磅

    # 保存文档
    doc_path = os.path.join(save_path, f"{employee}_国庆节放假通知.docx")
    doc.save(doc_path)
    print(f"文档 {doc_path} 已创建。")

print("所有文档创建完成。")
```

与之前的代码相比，这段代码主要的改动在于下面这几点。

在库的导入方面，由于增加了段落格式以及字体字号的设置，所以多了以下几个库：

from docx.shared import Pt: 用于指定字体大小（以磅为单位）。

from docx.enum.text import WD_PARAGRAPH_ALIGNMENT: 用于设置段落对齐方式。

from docx.oxml.ns import qn: 用于处理 XML 命名空间，常用于设置字体等属性时引用 XML 的特定部分。

from docx.oxml import OxmlElement: 允许直接操作 Word 文档的 XML 元素，尽管在此代码中没有直接使用。

在字体设置方面，主要是靠下面的代码实现的：

```
doc.styles['Normal'].font.name = '宋体'
doc.styles['Normal'].element.rPr.rFonts.set(qn('w:eastAsia'), '宋体')
```

这里是把创建文档时的全局默认样式（'Normal'）设置为宋体，这样的话接下来所创建的每个文档的默认字体就会更改为宋体。更加详细的设置就以标题部分的改动为例。

```
title = doc.add_paragraph('2024年国庆节放假通知')
```

代码通过调用 add_paragraph 方法向 Word 文档添加一个新的段落，其中包含文本"2024年国庆节放假通知"。这个方法返回一个段落对象，该对象被赋值给变量 title。

```
title.alignment = WD_PARAGRAPH_ALIGNMENT.CENTER
```

设置标题段落的对齐方式为居中。

WD_PARAGRAPH_ALIGNMENT.CENTER 是一个枚举值，指示文本应该居中显示。

```
title.style = doc.styles['Normal']
```

将标题段落的样式设置为文档的"Normal"样式。在 Word 中，"Normal"通常是默认的段落样式，这里通过代码显式设置确保标题使用了正确的基本样式。如果之前对"Normal"样式进行了修改（如设置字体为宋体），那么这一设置会应用这些修改。

```
run_title = title.runs[0]
```

在 Word 文档中，"运行"指具有相同格式的一段连续文本。这行代码获取标题段落中的第一个文本运行，并将其赋值给 run_title。因为标题段落只包含了一段文本（"2024 年国庆节放假通知"），所以可以直接访问第一个运行。

```
run_title.font.size = Pt(16)
```

设置标题文本的字号为 16 磅。在中文的文档格式中，三号字通常对应 16 磅的字号大小。

最终文档的内容被修改为图 3-6 中的样式。

03 Word 与自动化脚本

> **2024 年国庆节放假通知**
>
> 张三：
>   2024 年国庆节假期将至，根据《国务院办公厅关于 2024 年部分节假日安排的通知》，并考虑公司实际情况，放假期间相关工作事宜安排如下：
>   ……………
>   员工出行请注意安全，并遵守相关法律法规，提前做好返程安排，确保如期上班。
>
>   人力资源：秋小姐

图 3-6 修改代码后的文档内容

AI 所生成的内容并不总能符合预期，因为模型底层算法使得 AI 输出的结果总是带有一定的随机性，这种随机性有时候就会影响结果的准确性。当然，最有可能出现的情形还是人为影响造成的输出内容错误，对 AI 作出的要求或许本身就存在着歧义与模糊。人为因素是很难杜绝的，实际上也并不需要杜绝。与 AI 交流的过程本身就是一个迭代的过程，从生成一开始，再到二，再到三，直到得到最后的结果。

严谨的表述是一个好习惯，能帮助减少很多中间步骤，但是习惯的养成需要时间和经验，这是急不来的。在最初的时候可能连整理出自己的需求都要反复好几次，凡事都有一个过程，慢慢来就好，毕竟 AI 是这个世界上最有耐心的老师。

3.3 文档批量插入图片

有一个文件夹，里面存储了一些员工的证件照片，如图 3-7 所示。

图 3-7 文件夹中的照片

需要将这些照片批量导入 Word 文档中，想一下如何归纳具体的需求。将这些需求发送给 AI，让它帮忙写一个脚本。

需求整理： 生成一个文档，文件夹中的照片最好都能够被插入这个文档中。

> **问：**
> 请使用 Python 编写一段脚本，需求如下：
> 在路径下创建一个 Word 文档，命名为"员工证件照"，将此目录中的所有图片插入此文档中。
> 路径：D:\work\python-word\Word 文档批量插图 \ 员工证件照
>
> **文心：**
> 好的，下面是一段 Python 脚本，用于创建一个名为"员工证件照"的 Word 文档，并将指定目录下的所有图片插入这个文档中：

```Python
from docx import Document
import os

# 设定路径
directory = r"D:\work\python-word\Word 文档批量插图 \ 员工证件照 "
doc_name = " 员工证件照 .docx"
doc_path = os.path.join(directory, doc_name)

# 创建 Word 文档
doc = Document()

# 遍历目录中的所有文件，将图片插入 Word 文档中
for file_name in os.listdir(directory):
    file_path = os.path.join(directory, file_name)
    if file_path.endswith(('.png', '.jpg', '.jpeg', '.bmp', '.gif')):  # 支持的图片格式
        doc.add_picture(file_path)
        doc.add_paragraph()  # 在图片之后添加一个空白段落

# 保存 Word 文档
doc.save(doc_path)
```

请确保将此脚本放在有权限访问指定路径的环境中运行，比如您的本地机器上，确保目录中包含图片文件。这段代码会自动检查每个文件的扩展名，只处理图片文件。

在本地运行脚本之后，目录内生成了一个文本文档，内容如图 3-8 所示。

图 3-8 插入图片后的文档内容

照片都被成功地插入了文档内，但是由于尺寸太大，图片被遮挡了一部分。还得继续向 AI 追加要求，让它把文档内的图片调整到合适的大小。还有一点需要注意，如果要对已经存在的文档进行修改，就必须用到 win32com 库，这个库允许使用 Python 来控制 Microsoft Word 应用程序，从而可以执行更复杂的文档编辑任务，其中包括调整图片大小。

问：

由于图片的尺寸都是 1024*1024，图片在文档内的显示出现了问题。现在请你使用代码调整文档内这些图片的显示大小，以适应内部的显示比例。请使用 win32com 库来实现。

文心：

使用 win32com 库修改 Word 文档中的图片大小，同时保持图片的原始比例，可以按照以下步骤执行。这个示例假设你想把图片大小调整为页面宽度的一半，并保持图片的宽高比。

```Python
import os
from win32com import client

# 设定路径
directory = r"D:\work\python-word\Word 文档批量插图 \ 员工证件照 "
doc_name = " 员工证件照 .docx"
doc_path = os.path.join(directory, doc_name)

# 启动 Word 应用
word = client.Dispatch("Word.Application")
word.Visible = False
# 不显示 Word 界面，可以改为 True 看实时效果

# 打开文档
doc = word.Documents.Open(doc_path)

# 调整每个图形的大小
for shape in doc.InlineShapes:
    # 计算新的宽度（页面宽度的一半），保持原始比例
    ratio = shape.Height / shape.Width
    new_width = doc.Sections(1).PageSetup.TextColumns.Width / 2
```

```
new_height = new_width * ratio

# 设置新的宽度和高度
shape.Width = new_width
shape.Height = new_height

# 保存并关闭文档
doc.Save()
doc.Close()

# 关闭 Word 应用
word.Quit()

print(" 图片尺寸已调整完成。")
```

这段代码会打开指定路径的 Word 文档，遍历所有的内嵌图形对象，调整它们的尺寸到页面文本列宽度的一半，并且保持原始的宽高比。调整完成后，保存并关闭文档。确保在能运行 win32com 库的环境中执行这段代码，并且已安装 Python 的 pywin32 模块。如果尚未安装，可以通过 pip install pywin32 命令进行安装。

注意文心一言最后的提示，Pycharm 安装 pywin32 模块与之前库的安装步骤是一样的。如果在其中找不到这个文件，那么可以先在原生 Python 环境下安装 pywin32，再重新启动 Pycharm，此时应该就能搜索到了。

执行代码之后，文档中图片的大小被修改，效果如图 3-9 所示。

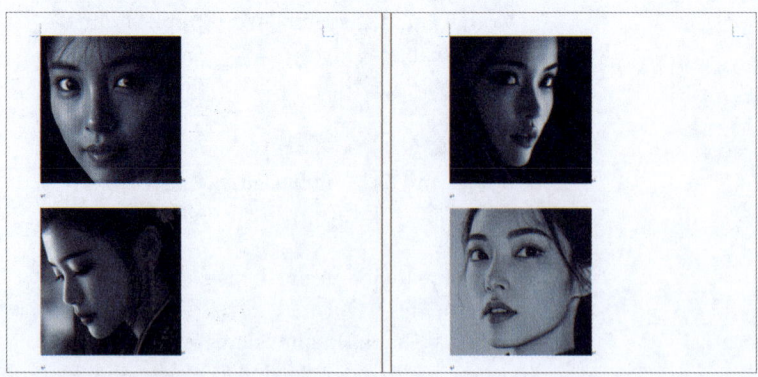

图 3-9 修改后的图片大小

3.4 自动化去除文档空行

文档中存在的空行也是可以通过 Python 脚本进行删除的。如图 3-10 所示的这篇工作日志有一些多余的空行，本着能省一分力就省一分力的原则，不仅要用自动化脚本来删除这些空行，而且还得让 AI 帮忙写代码，这样才更加节省时间。

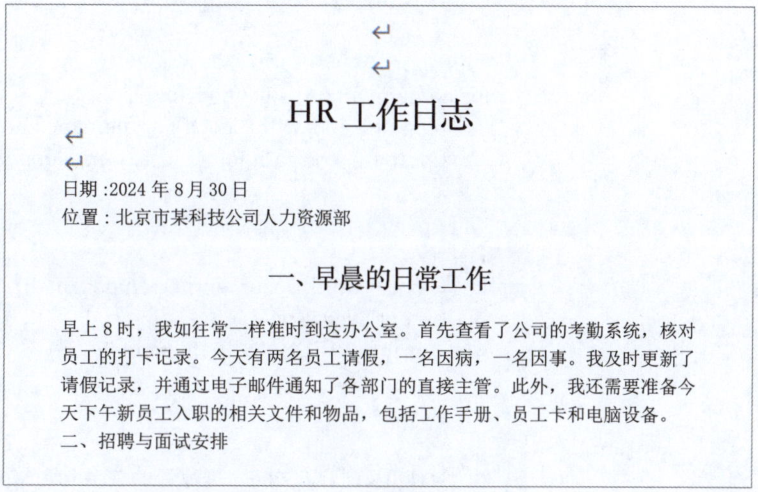

> **HR 工作日志**
>
> 日期：2024 年 8 月 30 日
> 位置：北京市某科技公司人力资源部
>
> 一、早晨的日常工作
>
> 早上 8 时，我如往常一样准时到达办公室。首先查看了公司的考勤系统，核对员工的打卡记录。今天有两名员工请假，一名因病，一名因事。我及时更新了请假记录，并通过电子邮件通知了各部门的直接主管。此外，我还需要准备今天下午新员工入职的相关文件和物品，包括工作手册、员工卡和电脑设备。
> 二、招聘与面试安排

图 3-10 工作日志中的多余空行

需求整理： 严格说起来空行应该叫作"空白段落"，但是说成空行 AI 也是能够理解的，比较重要的地方在于需要给空行下一个定义，避免因为歧义而出现一些错误操作。

> **问：**
> 请使用 Python 编写一段脚本，需求如下：
> 删除指定路径下 Word 文档中多余的空行，使用 win32com 库实现。将空行定义为"仅包含空格、制表符或换行符的行"。

文档路径:

D:\work\python-word\Word 去除空行

文心：

以下是一个使用 win32com.client 来删除 Word 文档中多余空行的脚本。这个脚本将打开指定目录下的所有 Word 文档，并删除每个文档中的空行。

Python

```python
import os
import win32com.client as win32

def remove_extra_empty_lines(doc_folder):
    # 启动 Word 应用程序
    word = win32.gencache.EnsureDispatch('Word.Application')
    word.Visible = False  # 不显示 Word 界面，后台处理文档

    # 遍历指定文件夹中的所有 Word 文档
    for filename in os.listdir(doc_folder):
        if filename.endswith(".docx") or filename.endswith(".doc"):
            doc_path = os.path.join(doc_folder, filename)

            # 尝试打开当前遍历到的文档
            try:
                doc = word.Documents.Open(doc_path)
            except Exception as e:
                print(f" 无法打开文档 {filename}: {e}")
                continue
                # 如果文档无法打开，跳过此文档继续下一个

            # 使用反向遍历文档中的段落，以安全地删除空行
            i = len(doc.Paragraphs)
            while i > 0:
                para = doc.Paragraphs(i)
                # 检查段落是否仅包含空格、制表符或换行符
                if not para.Range.Text.strip():
                    # 避免删除第一个段落，可能是标题或必要的空白
                    if i > 1:
                        # 移除当前段落
                        # 合并前一个段落到当前段落（实际上是删除当前段落）
                        # 通过删除 Range，需要计算 Range 的起始和结束位置
                        # 但这里简单使用 Delete 方法，因为在处理空段落时足够
                        para.Range.Delete()
                i -= 1

            # 保存并关闭文档
```

```
    try:
        doc.Save()
        print(f"文档已处理并保存：{filename}")
    except Exception as e:
        print(f"保存文档时出错：{e}")
    finally:
        doc.Close()

# 关闭 Word 应用程序
word.Quit()

# 指定文档所在路径
doc_folder = r"D:\work\python-word\Word 去除空行 "
remove_extra_empty_lines(doc_folder)
```

这段脚本的工作流程：

1. 初始化 Word 应用程序，并在后台运行。
2. 遍历指定文件夹中的所有 Word 文档。
3. 对每个文档，遍历所有段落并检查是否为空，如果为空则删除。
4. 保存并关闭文档。
5. 最后关闭 Word 应用程序。
确保在运行此脚本时，Word 文档是关闭的，以避免任何文件冲突。

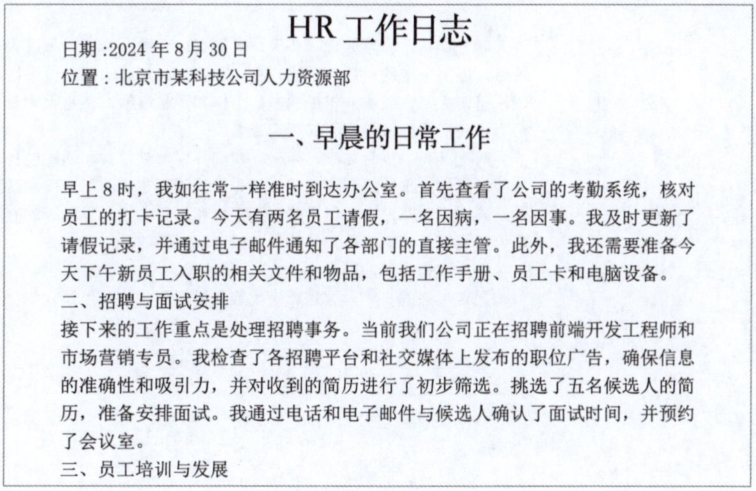

HR 工作日志

日期:2024 年 8 月 30 日
位置：北京市某科技公司人力资源部

一、早晨的日常工作

早上 8 时，我如往常一样准时到达办公室。首先查看了公司的考勤系统，核对员工的打卡记录。今天有两名员工请假，一名因病，一名因事。我及时更新了请假记录，并通过电子邮件通知了各部门的直接主管。此外，我还需要准备今天下午新员工入职的相关文件和物品，包括工作手册、员工卡和电脑设备。
二、招聘与面试安排
接下来的工作重点是处理招聘事务。当前我们公司正在招聘前端开发工程师和市场营销专员。我检查了各招聘平台和社交媒体上发布的职位广告，确保信息的准确性和吸引力，并对收到的简历进行了初步筛选。挑选了五名候选人的简历，准备安排面试。我通过电话和电子邮件与候选人确认了面试时间，并预约了会议室。
三、员工培训与发展

图 3-11 执行脚本之后的文档

假如不需要脚本删除文档最开始的空行，只需要在给 AI 输入需求的时候把这个条件加上去。

3.5 删除文档中的重复内容

在处理工作文档的时候，可能因为一个不小心会复制进去一些重复的段落内容，这种情况下同样可以借助自动化脚本来排查这部分内容。

如图 3-12 所示的稿件是一篇年会发言稿，其中有一段与前面是一样的，如果文稿的内容比较多，那么找出这样的疏漏是一件非常麻烦的事情。

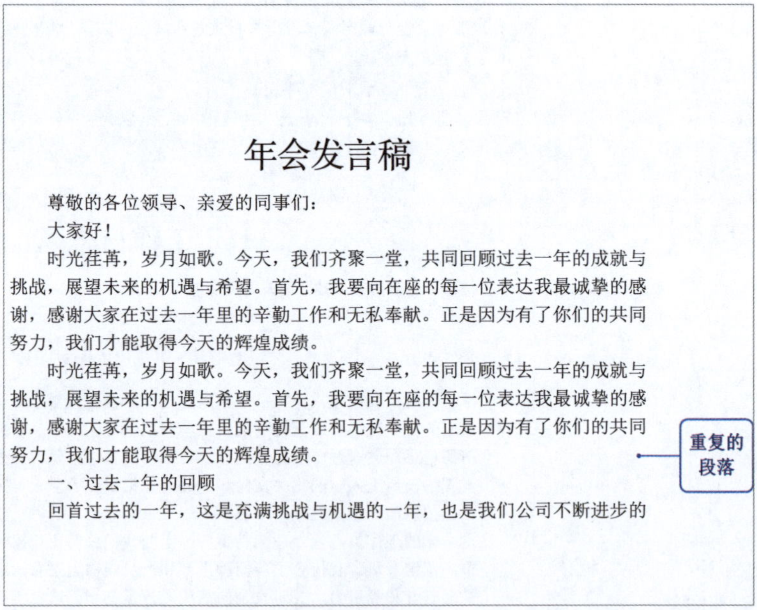
年会发言稿

尊敬的各位领导、亲爱的同事们：

大家好！

时光荏苒，岁月如歌。今天，我们齐聚一堂，共同回顾过去一年的成就与挑战，展望未来的机遇与希望。首先，我要向在座的每一位表达我最诚挚的感谢，感谢大家在过去一年里的辛勤工作和无私奉献。正是因为有了你们的共同努力，我们才能取得今天的辉煌成绩。

时光荏苒，岁月如歌。今天，我们齐聚一堂，共同回顾过去一年的成就与挑战，展望未来的机遇与希望。首先，我要向在座的每一位表达我最诚挚的感谢，感谢大家在过去一年里的辛勤工作和无私奉献。正是因为有了你们的共同努力，我们才能取得今天的辉煌成绩。

一、过去一年的回顾

回首过去的一年，这是充满挑战与机遇的一年，也是我们公司不断进步的

图 3-12 文档出现了重复内容

需求整理： 让 AI 帮忙写一个脚本代码，自动筛查某路径下所有文档的内容，并删除其中重复的段落。

问：

请使用 Python 编写一段脚本，需求如下：

删除指定路径下 Word 文档中重复的段落，使用 win32com 库实现。

文档路径：

D:\work\python-word\Word 删除重复段落

文心：

为了删除指定路径下 Word 文档中的重复段落，可以使用 Python 的 win32com.client 库来操作 Word 文档。这里提供一个脚本，该脚本会打开目录下的所有 Word 文档，并删除其中重复的段落。这种方法的关键是检查每个段落的内容，并记录已见过的内容，如果再次遇到相同内容，则删除该段落。

下面是完成这一任务的 Python 脚本：

Python

```python
import os
import win32com.client as win32

def remove_duplicate_paragraphs(doc_folder):
    # 启动 Word 应用程序
    word = win32.gencache.EnsureDispatch('Word.Application')
    word.Visible = False  # 设置 Word 不可见，后台处理

    # 遍历指定文件夹下的所有 Word 文档
    for filename in os.listdir(doc_folder):
        if filename.endswith(".docx") or filename.endswith(".doc"):
            full_path = os.path.join(doc_folder, filename)

            # 尝试打开文档
            try:
                doc = word.Documents.Open(full_path)
            except Exception as e:
                print(f"无法打开文档 {filename}: {e}")
                continue

            # 用于记录已遇到的段落内容
            seen_paragraphs = set()
            i = 1
            # 使用正向遍历可能会因删除操作改变索引，所以采用列表复制策略
            paragraphs = list(doc.Paragraphs)
            for para in paragraphs:
                text = para.Range.Text.strip()
```

```python
        # 获取段落文本并去除两端空白
        if text in seen_paragraphs:
            # 如果段落内容已存在,则删除
            para.Range.Delete()
        else:
            # 否则添加到已见段落集合
            seen_paragraphs.add(text)
        i += 1

    # 保存并关闭文档
    try:
        doc.Save()
        print(f" 文档已处理并保存: {filename}")
    except Exception as e:
        print(f" 保存文档时出错 : {e}")
    finally:
        doc.Close()

# 关闭 Word 应用程序
word.Quit()

# 指定文档所在的文件夹路径
doc_folder = r"D:\work\python-word\Word 删除重复段落 "
remove_duplicate_paragraphs(doc_folder)
```

这段脚本执行以下操作:

1. 初始化并配置 Word 应用程序为后台运行。
2. 遍历指定文件夹内所有 Word 文档。
3. 对每个文档中的段落进行遍历,通过维护一个已见段落的集合来检查重复。
4. 如果段落文本已存在于集合中,则删除该段落。
5. 保存并关闭处理过的文档。
6. 最后关闭 Word 应用程序。
请确保在运行脚本前 Word 文档是关闭的,以避免打开或保存时出现冲突。

代码段的结构还是非常清晰的,可以根据其中的注释来了解每一个代码块的具体功能。现在把代码复制到本地的编译环境中,尝试编译并运行这个脚本。运行后查看示例文档,结果如图 3-13 所示。

年会发言稿

尊敬的各位领导、亲爱的同事们：

大家好！

时光荏苒，岁月如歌。今天，我们齐聚一堂，共同回顾过去一年的成就与挑战，展望未来的机遇与希望。首先，我要向在座的每一位表达我最诚挚的感谢，感谢大家在过去一年里的辛勤工作和无私奉献。正是因为有了你们的共同努力，我们才能取得今天的辉煌成绩。

一、过去一年的回顾

回首过去的一年，这是充满挑战与机遇的一年，也是我们公司不断进步的一年。在这一年中，我们面临了前所未有的市场竞争和复杂多变的外部环境，但我们的团队始终保持了高昂的斗志和积极的工作态度，坚守岗位，攻坚克难，创造了一个又一个的亮点。

1. 业绩方面：在全体员工的共同努力下，我们超额完成了年初制定的各项

图 3-13 删除了重复段落的文档

文档中重复的内容已经被删除了。

3.6 将 Word 文档批量转换为 PDF 格式

这一节来了解一下如何利用自动化脚本将 Word 文档批量转换为 PDF 格式的文件。在工作中，为了避免传输和打印文件的时候出现格式错误，经常需要将 Word 文档转换成 PDF 格式之后再进行操作。

图 3-14 中，在某文件路径下有三个需要转换成 PDF 格式的文档，转换后将 PDF 文件存储在同一路径下的"PDF 保存路径"文件夹中。

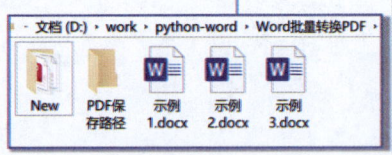

图 3-14 示例文档与文档存储路径

需求整理： 文档格式的转换同样要通过 win32com 库来实现。编写一段提示词，将操作需求与文件的具体存储路径告诉 AI，让它写出实现功能的脚本。

问：

请使用 Python 编写一段脚本，需求如下：

请将指定路径下的 Word 文档批量转换为 PDF 格式，转换的范围不包含路径下的子文件夹。转换完成后将文件存储在指定的位置。使用 win32com 库实现。

Word 文档路径：

D:\work\python-word\Word 批量转换 PDF

转换完成后的存储路径：

D:\work\python-word\Word 批量转换 PDF\PDF 保存路径

文心：

以下是一个使用 Python 和 win32com 库来将指定路径下的 Word 文档批量转换为 PDF 格式的脚本。这个脚本会遍历指定目录下的所有 .docx 文件，将它们转换为 PDF 格式，并将转换后的 PDF 文件保存在指定的输出路径下。请确保你的环境中已经安装了 pywin32 库。

```Python
import os
import win32com.client as win32

def convert_word_to_pdf(word_path, pdf_path):
    """
    将指定路径下的所有 Word 文档转换为 PDF 格式，并保存到指定位置。

    :param word_path: Word 文档的存放路径（不包含子文件夹）
    :param pdf_path: 转换后的 PDF 文件保存路径
    """
    # 创建 Word 应用程序对象
    word = win32.gencache.EnsureDispatch('Word.Application')
    word.Visible = False  # 不显示 Word 界面

    # 遍历指定路径下的所有文件
    for filename in os.listdir(word_path):
        if filename.endswith('.docx'):  # 只处理 Word 文档
            # 构造 Word 文档和 PDF 文件的完整路径
            doc_path = os.path.join(word_path, filename)
            pdf_filename = os.path.splitext(filename)[0] + '.pdf'
            pdf_file_path = os.path.join(pdf_path, pdf_filename)

            # 打开 Word 文档
            try:
```

```python
        doc = word.Documents.Open(doc_path)

        # 将 Word 文档另存为 PDF 格式
        # 注意：这里的路径需要是双反斜杠（\\）或原始字符串（r' 路径 '）
        # 但由于使用的是 os.path.join，它会自动处理路径分隔符
        doc.SaveAs(pdf_file_path, FileFormat=17)
        # FileFormat=17 表示 PDF 格式
        print(f" 已转换 : {doc_path} -> {pdf_file_path}")

    except Exception as e:
        print(f" 转换文件 {doc_path} 时出错 : {e}")

    finally:
        # 关闭文档（不保存对原文档的更改）
        doc.Close(SaveChanges=False)

# 关闭 Word 应用程序
word.Quit()

# Word 文档路径和转换完成后的存储路径
word_docs_path = 'D:\\work\\python-word\\Word 批量转换 PDF'
pdf_save_path = 'D:\\work\\python-word\\Word 批量转换 PDF\\PDF 保存路径 '

# 确保 PDF 保存路径存在
if not os.path.exists(pdf_save_path):
    os.makedirs(pdf_save_path)

# 调用函数进行转换
convert_word_to_pdf(word_docs_path, pdf_save_path)
```

代码解释：

1. 初始化 Word 应用程序： 使用 win32com.client.Dispatch 创建一个 Word 应用程序的实例，以便于控制 Word。word.Visible = False 确保 Word 在后台执行，不会显示界面。

2. 检查输出文件夹： 代码会检查输出文件夹是否存在，如果不存在则创建一个新的文件夹。

3. 文件遍历与处理： 通过 os.listdir 遍历指定文件夹中的所有文件，通过检查文件后缀确定是否为 Word 文档。

4. 打开和转换文档： 对于每一个 Word 文件，使用 word.Documents.Open 打开文件，然后使用 doc.SaveAs 方法将其保存为 PDF 格式。FileFormat=17 指定文件格式为 PDF。

5. 关闭文档和应用程序： 每处理完一个文档后，使用 doc.Close() 关闭该文档，全部处理完毕后，使用 word.Quit() 关闭 Word 应用程序，释放资源。

确保在运行脚本前安装了 pywin32 库，并且你的系统上安装了支持转换的 Microsoft Word 版本。这个脚本不会处理子目录中的文件，只处理指定路径下的直接文件。

转换后的 PDF 文件如图 3-15 所示。

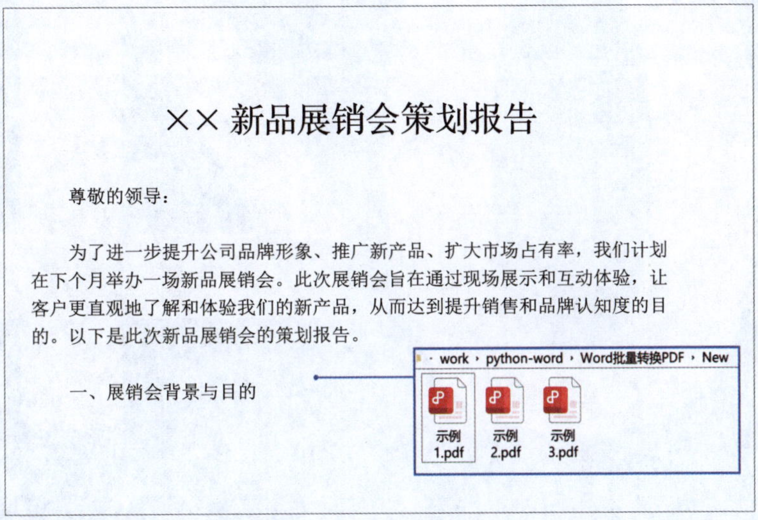

> # ×× 新品展销会策划报告
>
> **尊敬的领导:**
>
> 为了进一步提升公司品牌形象、推广新产品、扩大市场占有率,我们计划在下个月举办一场新品展销会。此次展销会旨在通过现场展示和互动体验,让客户更直观地了解和体验我们的新产品,从而达到提升销售和品牌认知度的目的。以下是此次新品展销会的策划报告。
>
> 一、展销会背景与目的

图 3-15 转换格式后的文件

04

Excel 脚本的基础操作

与 Word 一样，Excel 也是常用的办公软件之一，但是在自动化的需求方面，Excel 要远远超过 Word。这一章就用实际案例来展示在各种使用场景下如何实现 Excel 的自动化处理。

4.1 Python 处理 Excel 的相关库

在 Python 中与 Excel 处理有关的库主要有以下几种：

1.openpyxl 库　　用于读取和写入 OpenXMLExcel 格式的文件（即 .xlsx 文件），支持图表、图像、公式等复杂内容的操作，可以修改已存在的 Excel 文件。

```
pip install openpyxl
```

2.pandas　　在基础篇就提到过，它是一个强大的数据分析工具库，非常适合于数据处理和数据分析，可以读取和写入 .xls 和 .xlsx 文件。通过 ExcelWriter 可以与 openpyxl、xlsxwriter 这些库结合使用，增强写入功能。

```
pip install pandas
```

3.xlrd 和 xlwt　　这两个库可以看作一对，其中 xlrd 用于读取 .xls 和 .xlsx 文件，xlwt 用于写入 .xls 文件。xlrd 支持日期、数字、字符串等多种类型的数据读取，xlwt 可以自定义样式，如字体、对齐方式、颜色等。

```
pip install xlrd xlwt
```

4.xlsxwriter　　这个库仅支持 .xlsx 文件的写入操作，可以创建带有公式、图表、格式化的 Excel 文件，支持添加自定义的图表样式和数据格式化选项。

```
pip install xlsxwriter
```

5.pyexcel 主要的作用是简化文件读写的操作，支持多种格式，如 .xls、.xlsx、.ods 等。通过安装相应的插件实现，提供了一套简单的 API（应用程序接口）来处理不同类型的 Excel 文件。

```
pip install pyexcel
```

6.xlwings 允许调用 Excel 的宏功能和脚本，实现更复杂的自动化操作。可以与 Excel 直接交互，读写数据，调用 Excel 函数，同时支持 Windows 和 macOS。

```
pip install pyexcel
```

为了支持 .xls、.xlsx、.ods 等格式，还需要安装相应的插件。

```
pip install pyexcel-xls pyexcel-xlsx pyexcel-ods
```

7.tablib 可以处理多种格式的数据集，包括 .xls、.xlsx、.csv、.json 等。主要用于在不同格式之间转换数据，适合数据导入导出需求。

```
pip install xlwings
```

8.pywin32 在上一章就使用过这个库，它提供了对 Windows API 的广泛访问，包括与 Microsoft Office 应用程序，特别是 Excel 进行交互的功能。使用 pywin32 可以实现对 Excel 应用程序的深度控制，允许 Python 脚本执行几乎任何可以通过 Excel GUI 执行的操作。

> pip install pywin32

这些库在 Pycharm 中的安装也是同样的道理。如果在安装时找不到某一项，就先在本地的 Python 环境中安装库文件。

在本章的内容中或多或少会接触到这些库，虽然 AI 编写脚本不需要对这些内容有太详细的了解，但是对这些库的功能有大致的了解能够更好地帮助调整脚本。有些情况下 AI 所编写的脚本可能会出一些问题，如果经过几次改动之后问题依然没有得到解决，那么不妨给 AI 提议，换库试试看，也许问题就迎刃而解了。

4.2 Excel 文件的结构

Excel 文件内部的组织方式非常结构化，这也是 Excel 能作为数据库来使用的一个比较重要的原因。大致来说，它的内容主要可以分为以下几个层级和类型。

1. 工作簿（Workbook）

主体文件：一个工作簿相当于一个独立的文件，通常以 .xls（Excel 2003 及之前版本）或 .xlsx（Excel 2007 及之后版本）格式保存。Excel 2007 及之后的版本支持更多数据、更复杂的功能和更好的压缩（图 4-1）。

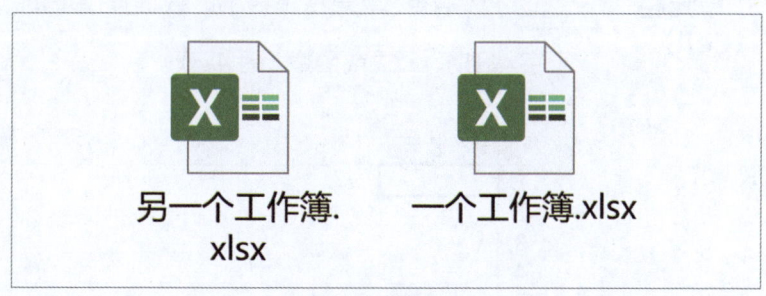

图 4-1 工作簿文件

包含元素：工作簿内可以包含工作表、图表表单、宏、数据模型等多种元素。

多表管理：用户可以在一个工作簿内添加多个工作表，以便于数据分组和归类处理，如财务报表、年度统计等。

2. 工作表（Worksheet）

数据组织单位：工作表是数据的基本组织单位，是由行和列交叉组成的单元格网格。每个单元格可以输入数据、公式、函数等（图 4-2）。

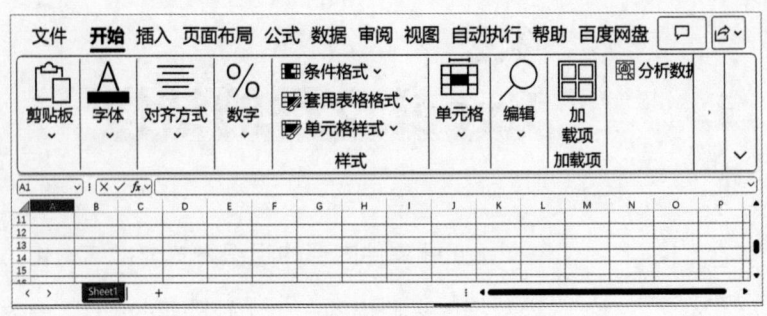

图 4-2 工作表

行和列：行由数字标识，列由字母标识，这形成了单元格的坐标，如 A1、B25 等。

数据处理和分析：工作表不仅用于数据存储，还可以进行数据处理、计算和分析，支持公式和各种内置函数。

3. 单元格 (Cell)

数据点：单元格是最小的数据存储单位，可以包含文本、数字、日期、公式或函数（图 4-3）。

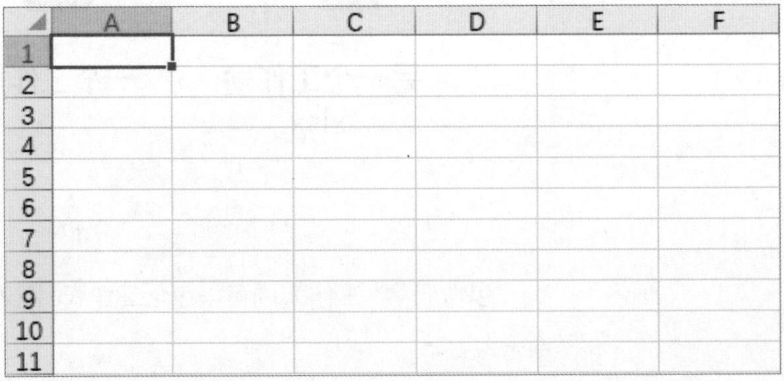

图 4-3 单元格

格式化选项：每个单元格可以单独设置格式，如字体、颜色、边框、背景等。

公式和函数：单元格可以使用 Excel 的公式和函数来进行计算和数据分析，如求和、平均、查找等。

**4. 图表
（Charts）**

数据可视化：图表是用于数据可视化的工具，可以将数据以图形的形式展示，如柱状图、折线图、饼图（图 4-4）等。

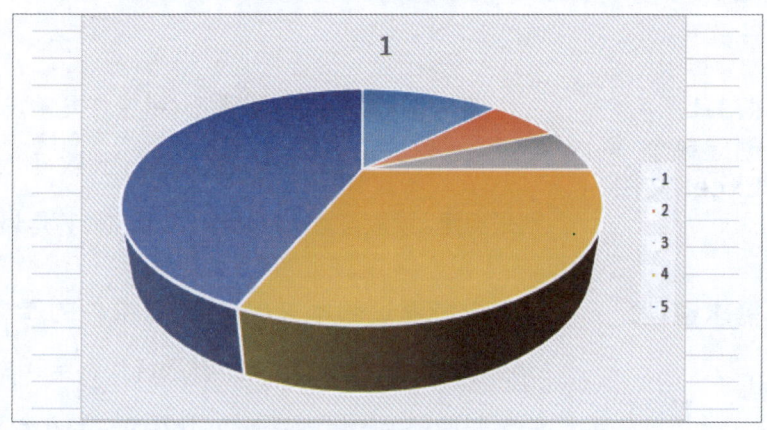

图 4-4 饼图

嵌入或独立：图表可以嵌入工作表中，也可以作为一个独立的图表表单存在。

正因为有这样的层级关系，所以在进行具体的操作时，针对某一级的改动的前提条件是上一级的层级存在。比如想要生成某一个单元格的内容，那么它上一级的内容，也就是工作表必然要先一步建立，再上一级的工作簿也同样需要创建，其层级关系如图 4-5 所示。

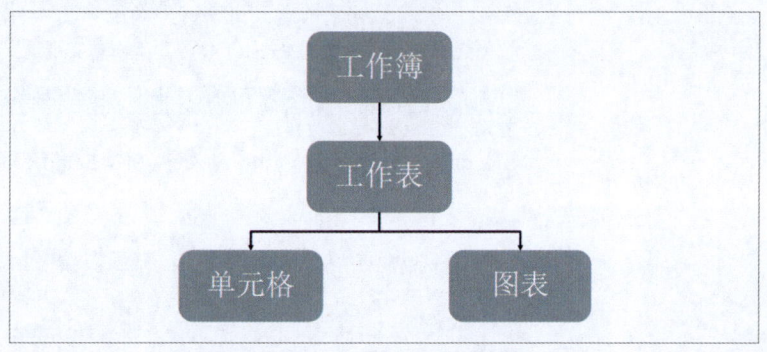

图 4-5 Excel 文件的内容层级

4.3 创建 Excel 文件

4.3.1 创建单个 Excel 文件

这一节从最基础的创建 Excel 文件开始说起。

对 Excel 文件本身的操作来说，大致可以分为三种类型，分别是创建、读取与写入，创建一个新文件算是最基础的一种用法。

需求整理：

支持通过脚本来创建 Excel 文件的库文件有多种，比如 openpyxl 和 xlsxwriter 都可以做到。在给 AI 输入需求的时候，一定要把相关的信息写清楚，比如文件路径和文件名称等。

> **问：**
>
> 请使用 Python 编写一段脚本，需求如下：
>
> 请你在指定路径下创建一个 Excel 工作簿，名称为"创建工作簿示例"。请使用 openpyxl 库来实现。
>
> 文件保存路径：
>
> D:\work\python-excel\ 创建工作簿
>
> **文心：**
>
> 为了完成这个任务，将使用 openpyxl 库，这是一个用于读写 Excel 2010 xlsx/xlsm/xltx/xltm 文件的 Python 库。如果你还没有安装 openpyxl，那么你可以通过 pip 安装它。
>
> 接下来，可以编写一个 Python 脚本来在指定的路径下创建一个名为"创建工作簿示例"的 Excel 工作簿。下面是实现这一功能的脚本：
>
> ```Python
> # 指定 Excel 文件的保存路径
> file_path = 'D:\\work\\python-excel\\ 创建工作簿示例 .xlsx'
>
> # 创建一个 Workbook 对象，这将作为一个 Excel 文件
> wb = Workbook()
>
> # 激活默认的工作表
> ws = wb.active
> ```

```
# 你可以修改工作表的标题
ws.title = " 示例工作表 "

# 这里可以添加一些数据到工作表中，比如
ws.append([" 姓名 ", " 年龄 ", " 职业 "])
ws.append([" 张三 ", 28, " 软件工程师 "])
ws.append([" 李四 ", 22, " 数据分析师 "])

# 保存工作簿到指定的文件路径
wb.save(file_path)

print(f"Excel 工作簿已保存到： {file_path}")
```

请确保你的 Python 脚本可以访问并写入指定的 D:\work\python-excel\ 目录。如果目录不存在，你可能需要手动创建它，或者使用 Python 的 os 模块来创建它（如果你想要的话）。

注意，文件路径中的反斜杠（\）在 Python 字符串中用作转义字符的起始，这就是在路径字符串中使用双反斜杠（\\）的原因。或者你可以使用原始字符串，通过在字符串前加上 r 来避免这个问题，如 r'D:\work\python-excel\ 创建工作簿示例 .xlsx'。

运行这个脚本后，你应该会在指定的路径下看到一个名为"创建工作簿示例 .xlsx"的 Excel 文件，其中包含一个名为"示例工作表"的工作表，并包含了一些示例数据。

一般来说不会无缘无故创建一个空表，这里只是为了演示相关的功能，所以没有给出表格的内容。可以看到 AI 在创建 Excel 文件时严格遵守着层级结构，这是符合规范的做法。AI 还在表中添加了一些初始内容，如果不想要这些内容，可以直接告诉 AI"我想要一个空表"，这样的话 AI 就不会生成初始内容填充了。

4.3.2 批量创建 Excel 文件

现在稍微靠近一点真实的办公场景，假设要创建一些 2023 年的月度财务报表，那么除了将工作簿的数量设置为 12 以外，还要提前将内部工作表的表头设计好。

需求整理： 对于表头和索引列的描述一定要精确，尤其是 A1 位置的单元格，它的内容与样式要说清楚。

> **问：**
>
> 请使用 Python 编写一段脚本，需求如下：
>
> 请你在指定路径下创建 2023 年 1 月至 12 月的月度财务报表。单元格第一行分别填入："项目，本月实际，本月预算，月度差异，年度累计"，第一列接续填入："营业收入，营业成本，营业利润，财务费用，净利润"。
>
> 文件保存路径：
>
> D:\work\python-excel\ 批量创建工作簿
>
> **文心：**
>
> 所有财务报表已成功创建在指定目录下。这些报表涵盖了 2023 年 1 月至 12 月的数据，每个月的文件命名为"2023 年 XX 月财务报表 .xlsx"，并已保存到" D:\work\python-excel\ 批量创建工作簿"路径下。每个文件中包含了设定的列和行标题，你可以进一步填充具体的财务数据。如果需要进一步的功能或修改，请随时告诉我！
>
> ```Python
> from openpyxl import Workbook
> import os
>
> # 指定 Excel 文件的保存路径
> base_path = 'D:\\work\\python-excel\\ 批量创建工作簿'
>
> # 确保目录存在
> if not os.path.exists(base_path):
>     os.makedirs(base_path)
>
> # 标题行和第一列数据
> header_row = ["项目","本月实际","本月预算","月度差异","年度累计"]
> first_column = ["营业收入","营业成本","营业利润","财务费用","净利润"]
>
> # 遍历 2023 年的每个月份
> for month in range(1, 13):
>     # 创建 Workbook 对象
>     wb = Workbook()
>     ws = wb.active
> ```

```python
# 设置工作表名称
ws.title = f"2023年{month}月财务报表"

# 写入标题行
ws.append(header_row)

# 写入第一列数据
for item in first_column:
    row = [item] + [''] * 4  # 初始化行数据，除了项目名外，其他为空
    ws.append(row)

# 保存工作簿
file_name = f"2023年{month}月财务报表.xlsx"
file_path = os.path.join(base_path, file_name)
wb.save(file_path)

print(f"已保存：{file_path}")

print("所有月份的财务报表已创建完毕。")
```

这个脚本首先检查指定的保存路径是否存在，如果不存在则创建它。然后，它遍历 2023 年的每个月份，为每个月份创建一个新的 Excel 工作簿，并设置工作表的标题。接着，它写入标题行和第一列的数据。最后，它将每个工作簿保存到指定的路径下，并打印出已保存的文件路径。

请注意，这个脚本只创建了工作簿和基本的结构，并没有填充实际的财务数据。你可以根据需要修改脚本，以从数据库、文件或其他数据源中读取并填充这些数据。

这段代码在本地的运行结果如下：

```
C:\Users\Administrator\PycharmProjects\pythonProject\.venv\Scripts\python.exe C:\Users\Administrator\PycharmProjects\python-excel\excel自动化.py
已保存：D:\work\python-excel\批量创建工作簿\2023年1月财务报表.xlsx
已保存：D:\work\python-excel\批量创建工作簿\2023年2月财务报表.xlsx
已保存：D:\work\python-excel\批量创建工作簿\2023年3月财务报表.xlsx
已保存：D:\work\python-excel\批量创建工作簿\2023年4月财务报表.xlsx
已保存：D:\work\python-excel\批量创建工作簿\2023年5月财务报表.xlsx
```

```
已保存: D:\work\python-excel\ 批量创建工作簿 \2023 年 6 月财
务报表 .xlsx
已保存: D:\work\python-excel\ 批量创建工作簿 \2023 年 7 月财
务报表 .xlsx
已保存: D:\work\python-excel\ 批量创建工作簿 \2023 年 8 月财
务报表 .xlsx
已保存: D:\work\python-excel\ 批量创建工作簿 \2023 年 9 月财
务报表 .xlsx
已保存: D:\work\python-excel\ 批量创建工作簿 \2023 年 10 月财
务报表 .xlsx
已保存: D:\work\python-excel\ 批量创建工作簿 \2023 年 11 月财
务报表 .xlsx
已保存: D:\work\python-excel\ 批量创建工作簿 \2023 年 12 月财
务报表 .xlsx
所有月份的财务报表已创建完毕。

进程已结束，退出代码为 0
```

来看一下具体的生成结果（图 4-6）。

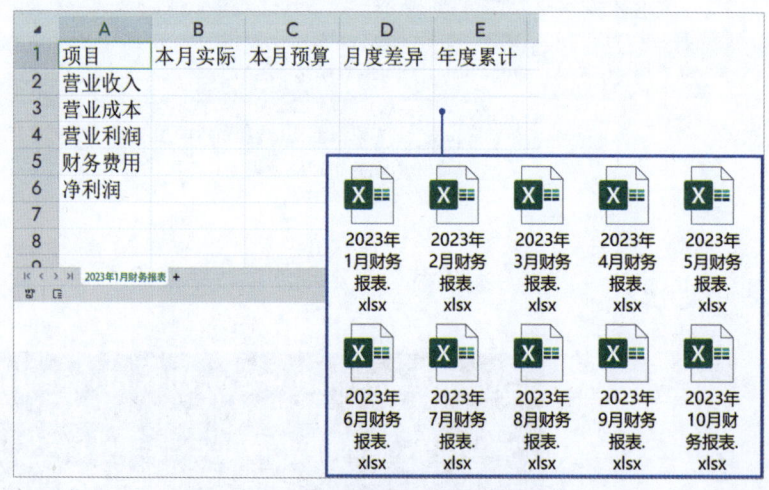

图 4-6 批量生成 Excel 的结果

脚本按照所规定的顺序规则，在指定的路径下生成了 12 个月的财务报表。实际工作中还可以附加更多的需求，比如从某个文件中将具体的数据提取出来，然后再以这些数据为基础生成相应的工作表格。

4.4 获取文件清单

在一个岗位待久了,手头就会很容易堆积大量的工作文档。工作中经常会遇到这样的情境,手动整理文件清单是一件非常痛苦的事情,假如使用人工来统计一份文件清单出来,那势必要耗费大量的时间,短则几个小时,多的话说不定一整天就过去了。在知晓了自动化脚本之后,你会发现这件事情完全没必要手动统计,借助 Python 脚本可以直接获取文件夹内所有 Excel 文件的文件清单,而花费的时间只需要几秒。

图 4-7 是在某个路径下的一些工作文件,这一节的目标就是获取这些文件的具体清单。

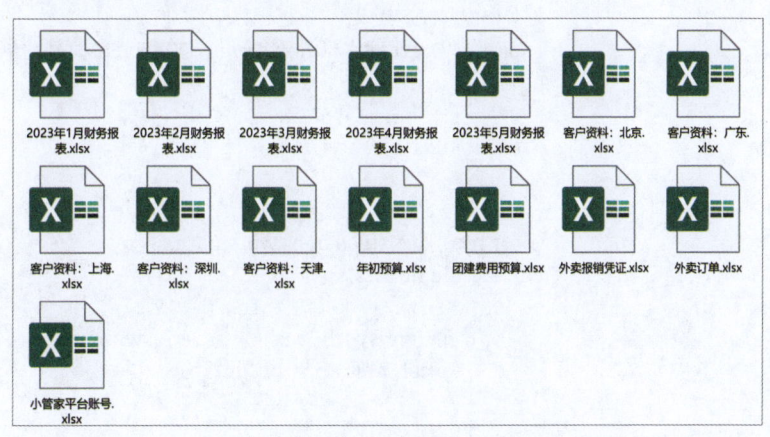

图 4-7 Excel 文件

需求整理: 需要借助脚本对文件夹内所有的 Excel 文件进行统计,统计的结果如果只是显示出来是没有意义的,需要脚本把结果存储在一个新建的文件中。

问:

请使用 Python 编写一段脚本,需求如下:

请你对指定路径下所有的 Excel 文件进行统计,并制作成 .txt 格式的文件清单。

文件路径:

D:\work\python-excel\ 创建 Excel 文件清单

文件清单同样保存在这个路径下。

文心:

为了完成这个任务,可以使用 Python 的 os 模块来遍历指定路径下的所有文件,并使用 pandas(虽然在这个特定任务中不是必需的,但通常用于处理 Excel 文件)或 openpyxl(专门用于处理 .xlsx 文件)来检查文件是否为 Excel 文件。然而,为了简化问题,可以仅通过文件扩展名来判断文件是否为 Excel 文件(例如 .xls 或 .xlsx)。

以下是一个简单的 Python 脚本,它遍历指定路径下的所有文件,检查它们是否为 Excel 文件,并将文件名写入一个文本文件中。

```python
import os

# 指定路径
path = 'D:\\work\\python-excel\\ 创建 Excel 文件清单 '

# 创建一个列表来存储 Excel 文件名
excel_files = []

# 遍历指定路径下的所有文件和文件夹
for root, dirs, files in os.walk(path):
    for file in files:
        # 检查文件扩展名是否为 .xls 或 .xlsx
        if file.endswith('.xls') or file.endswith('.xlsx'):
            excel_files.append(file)

# 将 Excel 文件名写入文本文件
output_file_path = os.path.join(path, 'Excel 文件清单 .txt')
with open(output_file_path, 'w', encoding='utf-8') as f:
    for file in excel_files:
        f.write(file + '\n')

print(f'Excel 文件清单已保存到: {output_file_path}')
```

> 这个脚本首先定义了要遍历的目录路径，然后遍历该路径下的所有文件和子目录。对于每个文件，它检查文件扩展名是否为 .xls 或 .xlsx，如果是，则将文件名添加到列表中。最后，它将这些文件名写入指定路径下的"Excel 文件清单 .txt"文件中，每个文件名占一行。
>
> 请确保在运行此脚本之前，你的 Python 环境中已经安装了必要的库（虽然在这个例子中实际上没有使用到除 os 之外的任何外部库）。如果你打算处理 Excel 文件（比如读取或写入数据），那么你可能需要安装 pandas 和 openpyxl。但对于这个特定的任务，只需要 os 模块。

将保存文件清单的文本文档存储在了当前目录下。遍历所有的文件是通过两个嵌套的 for 循环实现的，分别是 for root, dirs, files in os.walk(path) 和 for file in files。

而对于在文本文档中写入文件清单的部分，代码会构造输出文件的完整路径，将文件名"Excel 文件清单 .txt"添加到之前指定的路径 path 下，然后使用 open() 函数以写入模式 'w' 打开文件。encoding='utf-8' 用来确保文件支持 UTF-8 编码，针对列表 excel_files 中的每个文件名，脚本将其写入打开的文件中，并且会在每个文件名后跟一个换行符。最终生成的文件清单如图 4-8 所示。

1	2023年1月财务报表.xlsx
2	2023年2月财务报表.xlsx
3	2023年3月财务报表.xlsx
4	2023年4月财务报表.xlsx
5	2023年5月财务报表.xlsx
6	团建费用预算.xlsx
7	外卖报销凭证.xlsx
8	外卖订单.xlsx
9	客户资料：上海.xlsx
10	客户资料：北京.xlsx
11	客户资料：天津.xlsx
12	客户资料：广东.xlsx
13	客户资料：深圳.xlsx
14	小管家平台账号.xlsx
15	年初预算.xlsx

图 4-8 脚本生成的文件清单

假如有更详细的需求也可以一并告诉 AI，让它想办法帮助实现。比如，可以让清单分区显示，按照不同的特征将文件清单进行分组，或者将某些文件不计入清单。

4.5 将 Excel 文件自动归类

既然脚本可以生成清单，那么更进一步来说，可以直接让脚本对所有 Excel 文件进行分类，然后存储在不同的位置。这样的话手上的文件既有了详细的清单，又分门别类进行了存储，最关键的是这些操作根本不会占用太多的时间。还以图 4-7 中的文件为例，可以看到其中有 2023 年度的财务报表，有不同城市的客户资料，还有一些杂项文件。

需求整理： 大致浏览过所有文件之后，决定将这些文件分为三个类别进行存储。这三个类别文件的文件名分别有自己的关键词，能够通过文件名称进行分类是最好实现的，如果不确定关键词可以直接将文件的名称示例告诉 AI，让它来提取其中关键词的区别。

> **问：**
> 请使用 Python 编写一段脚本，需求如下：
> 请你将指定路径下所有的 Excel 文件进行分类存放，其中 2023 年的月度财务报表归为一类（例如：2023 年 1 月财务报表 .xlsx），不同地区的客户资料归为一类（例如：客户资料：北京 .xlsx），其余的文件归为一类。将它们分别归置到当前路径下的不同子文件夹内。
> 文件路径：
> D:\work\python-excel\Excel 文件批量归类
>
> **文心：**
> 为了将指定路径下所有的 Excel 文件根据给定的规则进行分类存放，可以使用 Python 的 os 模块来遍历文件、创建文件夹，并使用 shutil 模块来移动文件。下面的脚本将帮助你实现这个功能，同时提供详尽的注释来解释每一步操作。

首先，确保你已经安装了 os 和 shutil 模块，通常这些模块是 Python 标准库的一部分，无需额外安装。

```Python
import os
import shutil

def classify_excel_files(source_folder):
    # 定义目标文件夹的路径，分别对应财务报表、客户资料和其他文件
    financial_folder = os.path.join(source_folder, ' 财务报表 ')
    customer_folder = os.path.join(source_folder, ' 客户资料 ')
    other_folder = os.path.join(source_folder, ' 其他文件 ')

    # 检查这些文件夹是否存在，如果不存在则创建它们
    for folder in [financial_folder, customer_folder, other_folder]:
        if not os.path.exists(folder):
            os.makedirs(folder)
            print(f" 创建文件夹： {folder}")
# 打印创建文件夹的信息

    # 遍历源文件夹中的所有文件和文件夹
    for file in os.listdir(source_folder):
        file_path = os.path.join(source_folder, file)
# 获取文件的完整路径
        if os.path.isfile(file_path):
# 确保处理的是文件而不是目录
            print(f" 处理文件： {file}")
# 打印正在处理的文件名称

            # 检查文件是否是 2023 年的财务报表
            if ' 年 ' in file and ' 月财务报表 ' in file and file.endswith('.xlsx'):
                year = file.split(' 年 ')[0]
# 获取文件名中的年份部分
                if year == '2023':  # 检查年份是否为 2023
                    shutil.move(file_path, financial_folder)
# 移动文件到财务报表文件夹
                    print(f" 已移动到财务报表文件夹： {file}")
# 打印文件移动信息

            # 检查文件是否属于客户资料
            elif ' 客户资料 ' in file and file.endswith('.xlsx'):
                shutil.move(file_path, customer_folder)
# 移动文件到客户资料文件夹
                print(f" 已移动到客户资料文件夹： {file}")
```

```
# 打印文件移动信息

    # 其他不符合上述分类的文件
    else:
        shutil.move(file_path, other_folder)
# 移动文件到其他文件文件夹
        print(f" 已移动到其他文件文件夹: {file}")
# 打印文件移动信息

# 指定 Excel 文件所在的文件夹路径
source_folder = r"D:\work\python-excel\Excel 文件批量归类 "
classify_excel_files(source_folder)
# 调用函数，开始分类文件
```

脚本的详细说明：
创建目标文件夹： 根据不同的文件类别（财务报表、客户资料、其他文件），在源目录下创建相应的子文件夹。
遍历文件： 遍历源目录下的所有文件，并确保处理的是文件而非其他目录。
文件分类和移动： 根据文件名中的关键词，判断文件属于哪一个类别。如果文件名符合特定模式（如包含"年月财务报表"），则将文件移动到相应的分类文件夹内。使用 shutil.move() 来移动文件，这个函数同时处理文件的移动和重命名。
确保文件正确分类： 通过文件名中的关键词来确定文件分类，这需要文件名遵循一定的规则和格式。
请确保运行脚本之前源路径下的文件和目标文件夹名称不存在冲突。此脚本将帮助你自动地将文件分类并移动到相应的文件夹中，简化文件管理任务。

shutil 模块可以提供一系列对文件和集合的高级操作，这段脚本主要使用了移动和复制文件的功能。函数"def classify_excel_files(source_folder):"接受参数 source_folder，表示 Excel 文件存放的源文件夹路径。函数主体主要的功能是完成创建目标文件夹、遍历源文件夹文件和根据条件移动文件等步骤。

循环体"for folder in [financial_folder, customer_folder, other_folder]:"会检查财务报表、客户资料和其他文件的目标文件夹是否存在，如果不存在则创建它们，并打印创建信息。另一个循环体"for file in os.listdir(source_folder)："会遍历源文件夹中的所有文件，获取每个文件的完整路径，并确认它是文件而不是目录,然后打印出正在处理的文件名。接下来的几个条件判断会根据文件名中的关键词和格式进行分类,将文件移动到对应的目标文件夹,并打印移动信息。运行脚本获得的最终效果如图 4-9 所示。

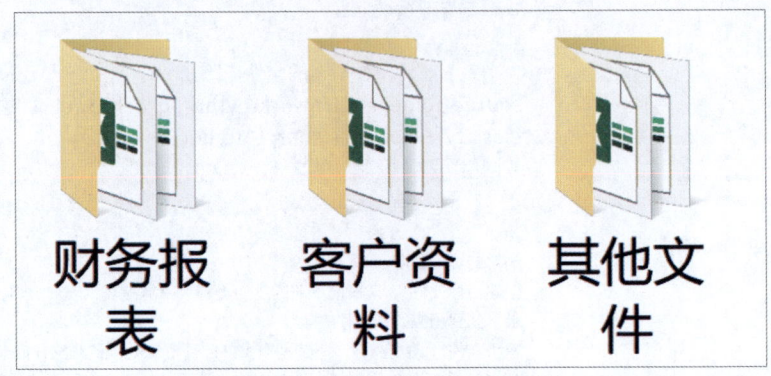

图 4-9 Excel 文件的分类存储

通过自动化脚本成功实现了不同文件的分类存储,这个功能同样是可以进行拓展的。假如文件夹内除了 Excel 文件还有一些其他种类的文件,如 Word 文档、文本文档,那么借助脚本也一样可以进行分类处理。

如果连分类的类别也懒得自己想,那么我们同样有解决办法。首先利用上一节的内容获取需要分类的文件清单,再将这份清单输入文本 AI,让它代替我们为其分类,最后将分类结果输出给我们即可。具体可以参考下面的提问方式:

> **问：**
> 我所上传的文档是一份待分类的文件清单，请你根据自己的理解将其分成几个类别，并给出分类理由，以及判断类别所使用到的关键字，并将文件的分类结果告诉我。

现在等于提前让 AI 对文件进行预分类，并让其展示分类规则的明细，然后这些明细就可以作为生成代码的提示词输入 AI。

> **问：**
> 请使用 Python 编写一段脚本，需求如下：
> （AI 所给出的分类数量、类别名称、分类规则以及关键字判断规则）
> 文件路径：
> D:\work\python-excel\Excel 文件批量归类

实际上在很多情况下都可以先让 AI 帮我们总结需求，或者是预处理相关的数据与文档，这样的话整个任务的序列会更加清晰，办公人员的具体实际目标也可以得到优化与调整。

05

Excel 自动化脚本进阶

在本章的内容中,将继续探索自动化脚本在处理 Excel 文件的时候还有哪些更加高超的使用技巧。

5.1 批量为工作簿添加工作表

有时候需要向 Excel 文件中批量加入新的工作表，如图 5-1 所示的工作文件。这种情况如果手动添加则太过于烦琐，可以尝试着使用自动化脚本来解决这个问题。

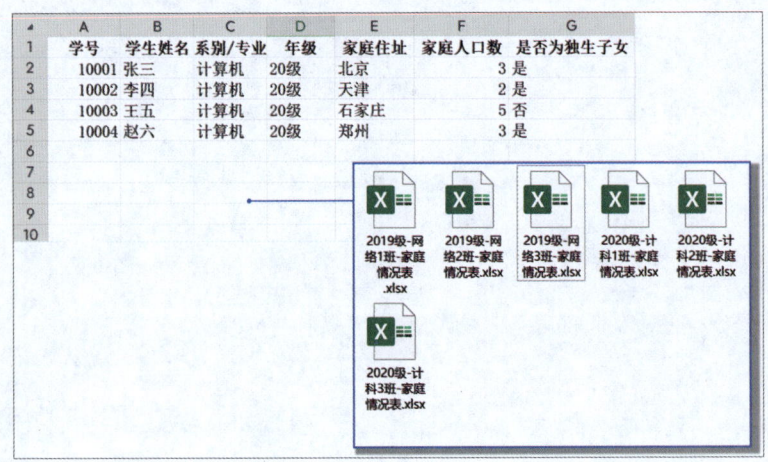

图 5-1 需要批量加入工作表

需求整理： 需要给特定的工作簿中加入一张新的表格，名为"家访情况表"，也就是把与学生家人联系的结果加入每个班级的家庭情况表中。为此需要把表格的详细结构告诉 AI，并且有哪些工作簿是可以添加工作表的，它们的命名规则也要一并告诉 AI。

> **问：**
> 请使用 Python 编写一段脚本，需求如下：
> 请在指定路径下的所有带有"家庭情况表"关键字的 Excel 文件内添加一个新表单，名为"家访情况"，表单格式如下：

第一行表头：学号、学生姓名、家庭成员出席情况、家访目的、家访反馈。

文件路径：

D:\work\python-excel\ 添加工作表

文心：

接下来，将编写一个 Python 脚本来遍历指定路径下的所有文件，查找包含"家庭情况表"关键字的 Excel 文件，并在这些文件中添加一个新的工作表"家访情况"，并设置相应的表头。

以下是完整的脚本：

```Python
import os
from openpyxl import Workbook, load_workbook

# 指定要搜索的文件夹路径
folder_path = 'D:\\work\\python-excel\\ 添加工作表 '

# 遍历文件夹中的所有文件
for filename in os.listdir(folder_path):
    # 检查文件名是否包含"家庭情况表"且是 .xlsx 文件
    if ' 家庭情况表 ' in filename and filename.endswith('.xlsx'):
        # 构建文件的完整路径
        file_path = os.path.join(folder_path, filename)

        # 加载现有的 Excel 工作簿
        wb = load_workbook(file_path)

        # 检查是否已经存在名为"家访情况"的工作表
        if ' 家访情况 ' not in wb.sheetnames:
            # 创建一个新的工作表，命名为"家访情况"
            ws = wb.create_sheet(title=" 家访情况 ")

            # 设置表头
            headers = [' 学号 ', ' 学生姓名 ', ' 家庭成员出席情况 ', ' 家访目的 ', ' 家访反馈 ']
            ws.append(headers)

            # 保存修改后的工作簿
            wb.save(file_path)
            print(f" 已向文件 {filename} 添加 ' 家访情况 ' 工作表。")
        else:
            # 如果工作表已存在，打印一条消息
            print(f" 文件 {filename} 已包含 ' 家访情况 ' 工作表，跳过。")
```

> \# 脚本执行完毕，打印完成消息
> print(" 所有符合条件的 Excel 文件已处理完毕。")
>
> 将上述脚本保存为一个 .py 文件，并确保你的工作目录允许你运行 Python 脚本。然后，你可以通过命令行或你的 Python IDE 来运行这个脚本。
>
> 这个脚本会遍历指定路径下的所有文件，查找文件名中包含"家庭情况表"且文件扩展名为 .xlsx 的文件。对于每个符合条件的文件，它会检查是否已经存在名为"家访情况"的工作表。如果不存在，脚本将创建一个新的工作表，并设置表头为"学号""学生姓名""家庭成员出席情况""家访目的"和"家访反馈"。如果工作表已存在，则跳过该文件并打印一条消息。最后，脚本会保存对文件的更改并打印一条完成消息。

根据代码注释可以大致地了解整个脚本的运行过程以及语句所实现的功能。运行这段代码，看一下具体的效果（图 5-2）。

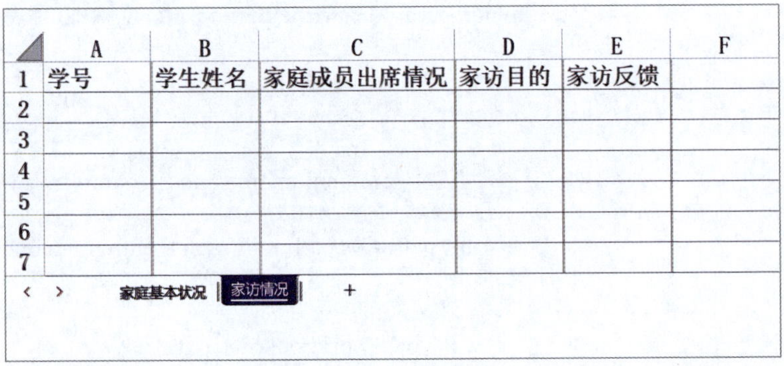

图 5-2 添加工作表之后的效果

原本的 Excel 文件中只包含一张工作表，代码运行之后又在其中添加了一张新表，并且新工作表的样式也符合要求。

5.2 批量插入某个文件内的工作表

现在对上一节的内容进行延伸。在实际工作中更多的是需要将某个已经建立好的工作表加入某些 Excel 工作簿中如图 5-3 所示。

图 5-3 需要加入的表单

需求整理： 需要将每月的薪酬表添加到年度工资绩效统计中，月度薪酬统计要按照月份的顺序进行排列。

> **问：**
> 请使用 Python 编写一段脚本，需求如下：
> 将指定路径下的 2023 年每月的员工薪酬表作为新表添加到 2023 年员工绩效表中。
> 员工薪酬表的文件命名为"2023 年 1 月 - 员工薪酬表"等，其中的工作表命名为"1 月薪酬"等。员工绩效表的文件命名为"2023 年员工绩效表"。

文件路径：

D:\work\python-excel\ 批量插入某个文件内的工作表

文心：

为了实现将指定路径下的 2023 年每月的员工薪酬表作为新表添加到 2023 年员工绩效表中，将使用 xlwings 库，这是一个强大的库，可以与 Microsoft Excel 进行互动。下面的脚本会按照需求执行此任务，并包含详尽的注释以解释每一步的作用。

首先，请确保你的环境中已安装了 xlwings。如果未安装，可以通过运行 pip install xlwings 来安装。

```Python
import os
import xlwings as xw


def merge_excel_sheets(source_dir):
    # 路径设置
    performance_file_name = '2023年员工绩效表.xlsx'
    performance_file_path = os.path.join(source_dir, performance_file_name)

    # 启动 Excel 应用程序
    app = xw.App(visible=False)
    # 设置 Excel 不可见运行以提高性能

    try:
        # 尝试打开员工绩效表
        performance_book = app.books.open(performance_file_path)
    except FileNotFoundError:
        print(f"未找到文件 {performance_file_path}。请确认文件路径正确。")
        app.quit()
        return

    # 遍历目标文件夹中所有文件
    for file_name in os.listdir(source_dir):
        if '2023年' in file_name and '员工薪酬表' in file_name:
            month_name = file_name.split('-')[0].split('年')[1].strip()  # 提取月份
            salary_sheet_name = month_name + '薪酬'
```

```python
# 构建工作表名称
        salary_file_path = os.path.join(source_dir, file_name)

        # 打开薪酬表
        salary_book = app.books.open(salary_file_path)
        # 获取薪酬表中相应月份的工作表
        if salary_sheet_name in salary_book.sheets.names:
            salary_sheet = salary_book.sheets[salary_sheet_name]
            # 将薪酬表复制到绩效表中
            salary_sheet.api.Copy(Before=performance_book.sheets[0].api)
            print(f"{salary_sheet_name} 已被添加到 {performance_file_name}")
        else:
            print(f" 在文件 {file_name} 中未找到名为 {salary_sheet_name} 的工作表。")

        # 关闭薪酬表工作簿
        salary_book.close()

    # 保存并关闭员工绩效表
    performance_book.save()
    performance_book.close()
    print(" 所有工作表合并完成。")

    # 关闭 Excel 应用程序
    app.quit()

# 设置文件路径
source_dir = r"D:\work\python-excel\ 批量插入某个文件内的工作表 "
merge_excel_sheets(source_dir)
```

脚本的详细说明：
1. 启动 Excel 应用程序：通过 xlwings 启动 Excel，设置为不可见以提高性能。
2. 打开主绩效表 尝试打开"2023年员工绩效表.xlsx"，如果文件不存在则报错并退出。
3. 遍历文件夹：检查每个文件是否为"2023年*员工薪酬表"，并从文件名中提取月份。
4. 打开薪酬表并定位工作表：根据提取的月份，定位薪酬表中对应的工作表。
5. 复制工作表到绩效表：如果找到工作表，则将其复制到绩效表中。
6. 保存和关闭工作簿：对修改后的绩效表进行保存并关闭，之后关闭薪酬表工作簿。
7. 关闭 Excel 应用程序：任务完成后关闭 Excel 应用。
这个脚本确保了所有 2023 年的薪酬表都被逐个复制到了绩效表中，这样可以集中管理和审查员工的薪酬和绩效数据。

代码的运行结果如图 5-4 所示。

	A	B	C	D	E	F	G	H
1	员工编号	员工姓名	基本工资（元）	绩效奖金（元）	社会保险（元）	公积金（元）	其他福利（元）	总计薪酬（元）
2	1	张三	12,000	1,800	1,200	600	500	16,100
3	2	李四	15,000	2,500	1,500	750	800	20,550
4	3	王五	8,000	1,000	800	400	300	10,500
5	4	赵六	10,000	1,500	1,000	500	400	13,400
6	5	周七	9,000	1,200	900	450	350	11,900
7	6	吴八	14,000	2,300	1,400	700	650	19,050
8	7	郑九	13,000	2,000	1,300	650	550	17,500
9	8	王十	11,000	1,600	1,100	550	500	14,750
10	9	陈十一	8,500	1,100	850	425	375	11,250

员工年度绩效 | 1月薪酬 | 2月薪酬 | 3月薪酬 | 4月薪酬 | 5月薪酬 | +

图 5-4 更新后的年度绩效工作簿

合并后的工作簿中已经把所有的月度薪酬统计加了进去，这里所采用的是默认的排序，也就是说按照顺序在原有的工作表后面依次添加新表。如果有需要也可以将原有的工作表排在队列的最后面。

5.3 文件内部的工作表排序

这一节来讲工作表的排序问题。图 5-5 中所用的例子是一个工作表没有按照顺序排列的 Excel 文件。在实际工作中可能遇到一些情况，比如因为某些原因需要把现有的工作表按照某种新的规则重新排序，这些在原理上都是相通的。

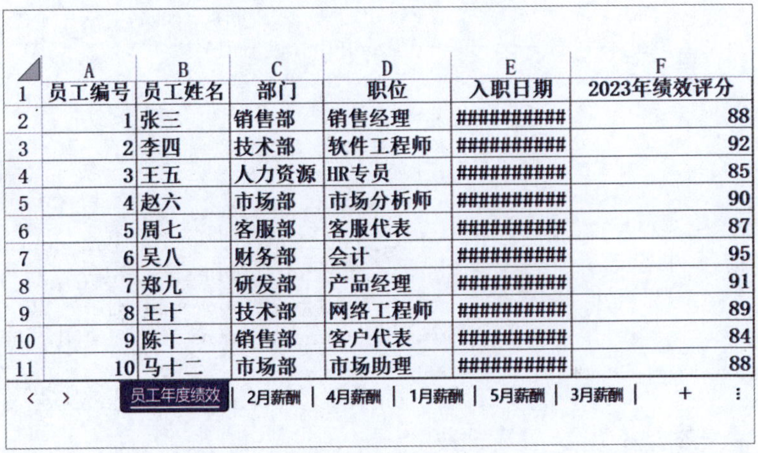

	A	B	C	D	E	F
1	员工编号	员工姓名	部门	职位	入职日期	2023年绩效评分
2	1	张三	销售部	销售经理	##########	88
3	2	李四	技术部	软件工程师	##########	92
4	3	王五	人力资源	HR专员	##########	85
5	4	赵六	市场部	市场分析师	##########	90
6	5	周七	客服部	客服代表	##########	87
7	6	吴八	财务部	会计	##########	95
8	7	郑九	研发部	产品经理	##########	91
9	8	王十	技术部	网络工程师	##########	89
10	9	陈十一	销售部	客户代表	##########	84
11	10	马十二	市场部	市场助理	##########	88

图 5-5 工作表乱序

需求整理： 文件中工作表的顺序是紊乱的，需要把这些表按照月份的顺序重新进行排列，并且把年度绩效统计放在最后面的位置上。

> **问：**
>
> 请使用 Python 编写一段脚本，需求如下：
>
> 请对指定路径下的所有 Excel 文件的内部 sheet 进行排序，sheet 的名称为“1 月薪酬”“2 月薪酬”等，不符合命名规则的放在末尾。
>
> 文件路径：
>
> D:\work\python-excel\ 工作表排序

文心：

由于 openpyxl 不支持直接移动工作表，可以转用 pandas 和 xlsxwriter 来实现这一需求。pandas 可以方便地读取和写入 Excel 工作表，而 xlsxwriter 提供了创建和调整工作表顺序的功能。

以下是一个 Python 脚本，用于对指定路径下的所有 Excel 文件中的工作表进行排序，符合"X 月薪酬"格式的工作表按月份顺序排列，其他工作表放在末尾。

```Python
import os
import pandas as pd

def sort_excel_sheets(file_path):
    # 读取 Excel 文件，获取所有工作表名
    xls = pd.ExcelFile(file_path)
    sheets_dict = {}
    other_sheets = []

    # 分类工作表
    for sheet_name in xls.sheet_names:
        if sheet_name.endswith(' 月薪酬 ') and len(sheet_name.split(' 月薪酬 ')[0]) == 1 and sheet_name.split(' 月薪酬 ')[0].isdigit():
            month = int(sheet_name.split(' 月薪酬 ')[0])
            sheets_dict[month] = pd.read_excel(xls, sheet_name)
        else:
            other_sheets.append((sheet_name, pd.read_excel(xls, sheet_name)))

    # 使用 xlsxwriter 创建新工作簿
    writer = pd.ExcelWriter(file_path, engine='xlsxwriter')

    # 按月份顺序写入工作表
    for month in sorted(sheets_dict.keys()):
        sheets_dict[month].to_excel(writer, sheet_name=f"{month} 月薪酬 ", index=False)
    # 写入非"X 月薪酬"工作表
    for name, df in other_sheets:
        df.to_excel(writer, sheet_name=name, index=False)

    # 保存新的工作簿
    writer.save()

def sort_all_excel_sheets_in_directory(directory_path):
```

```
# 遍历目录下的所有 Excel 文件
for filename in os.listdir(directory_path):
    if filename.endswith('.xlsx'):
        file_path = os.path.join(directory_path, filename)
        sort_excel_sheets(file_path)
        print(f"Sorted sheets in {filename}")

# 指定文件夹路径
directory_path = r"D:\work\python-excel\ 工作表排序 "
sort_all_excel_sheets_in_directory(directory_path)
```

脚本功能解释:
1. 读取 Excel 文件: 使用 pandas 的 ExcelFile 类读取工作表, 这允许访问所有工作表的名称和内容。
2. 分类工作表: 将工作表按是否符合 "X 月薪酬" 命名规则进行分类。
3. 使用 xlsxwriter 创建新工作簿: 将分类后的工作表写入新的 Excel 文件, xlsxwriter 提供了比 openpyxl 更丰富的文件写入和格式化功能。
4. 保存工作簿: 保存修改后的工作簿。
这个脚本将所有指定格式的工作表按月份顺序排列, 不符合此格式的工作表则放置在文件的末尾。

这段脚本对工作表重新进行了排序, 排序后的工作簿如图 5-6 所示。

	A	B	C	D	E	F
1	员工编号	员工姓名	基本工资（元）	绩效奖金（元）	社会保险（元）	公积金（元）
2	1	张三	12000	1800	1200	600
3	2	李四	15000	2500	1500	750
4	3	王五	8000	1000	800	400
5	4	赵六	10000	1500	1000	500
6	5	周七	9000	1200	900	450
7	6	吴八	14000	2300	1400	700
8	7	郑九	13000	2000	1300	650

< > | 1月薪酬 | 2月薪酬 | 3月薪酬 | 4月薪酬 | 5月薪酬 | 员工年度绩效 | +

图 5-6 重新排序后的工作表

本书所使用的很多示例都是单一功能的展示，在实际应用的时候假如遇到了一些综合性的需求，最好不要在一次请求中就让 AI 用代码实现所有的效果。一是这样做会降低脚本的复用性，也就是面对每个工作需求都需要重新生成脚本；二是程序也更容易出现各种问题。比较推荐的做法是根据不同的需求，每个脚本只做一件事，然后把几个脚本按照序列结合起来就能完成一项完整的工程。

模块化设计的好处是显而易见的，这些脚本就像积木一样，只需要生成基本的方块，然后根据工作要求的不同将这些积木拼成合适的样子就能够完成任务。多数情况下只需要改写脚本中的文件路径部分就能实现脚本的复用，而且程序也更不容易出错。

5.4 删除指定的工作表

如果工作文件中有一些具体的工作表需要删除，在文件较少的时候当然是人工删除比较快，但是就跟添加新工作表一样，如果文件数量太多，那么更好的解决办法同样是使用自动化脚本。

需求整理： 在图 5-7 中，需要删除 3 月份的薪酬统计，这个工作最好还是用 xlwings 库来实现。有些情况下需要给 AI 指定使用哪些库模块，不然可能出现比较严重的 BUG（程序错误）。如果不确定的话也可以让 AI 直接推荐，这里其实是有点反直觉的，因为 AI 推荐的库它自己在编写代码的时候不一定知道用，所以还是需要指引。

员工编号	员工姓名	部门	职位	入职日期	2023年绩效评分
1	张三	销售部	销售经理	2019/6/15	88
2	李四	技术部	软件工程师	2018/8/23	92
3	王五	人力资源	HR专员	2020/5/11	85
4	赵六	市场部	市场分析师	2021/2/1	90
5	周七	客服部	客服代表	2022/1/18	87
6	吴八	财务部	会计	2017/9/7	95
7	郑九	研发部	产品经理	2021/6/29	91
8	王十	技术部	网络工程师	2019/3/15	89

员工年度绩效 | 1月薪酬 | 2月薪酬 | 3月薪酬 | 4月薪酬 | 5月薪酬

图 5-7 删除某个工作表

05 Excel 自动化脚本进阶

问：

请使用 Python 编写一段脚本，需求如下：

请删除指定路径下所有 Excel 文件中的指定工作表。请使用 xlwings 库实现。

需要删除的工作表的名称为"3 月薪酬"。

文件路径：

D:\work\python-excel\ 删除指定的工作表

文心：

要使用 xlwings 库从指定路径下所有 Excel 文件中删除名为"3 月薪酬"的工作表，可以编写一个 Python 脚本来实现这一功能。xlwings 允许 Python 与 Excel 进行交互，包括读取、写入和修改工作簿。

首先，请确保已经安装了 xlwings。如果未安装，可以通过运行 pip install xlwings 来安装该库。

以下是一个 Python 脚本，该脚本将遍历指定目录中的所有 Excel 文件，并尝试删除每个文件中名为"3 月薪酬"的工作表。

```python
import os
import xlwings as xw

def remove_specific_sheet_from_excel(directory_path, sheet_name):
    # 遍历目录中的所有 Excel 文件
    for filename in os.listdir(directory_path):
        if filename.endswith('.xlsx'):
            file_path = os.path.join(directory_path, filename)
            try:
                # 打开 Excel 文件
                app = xw.App(visible=False)  # 运行 Excel 的实例，不显示界面
                workbook = app.books.open(file_path)

                # 检查并删除特定的工作表
                if sheet_name in [s.name for s in workbook.sheets]:
                    workbook.sheets[sheet_name].delete()
                    workbook.save()  # 保存更改
                    print(f"'{sheet_name}' 工作表已从 '{filename}' 中删除 ")
                else:
                    print(f"'{sheet_name}' 工作表不存在于 '{filename}' 中 ")

                # 关闭工作簿和 Excel 实例
                workbook.close()
```

```
        app.quit()
    except Exception as e:
        print(f" 处理文件 '{filename}' 时出错：{e}")
        app.quit()  # 确保在发生异常时关闭 Excel 应用

# 指定需要处理的文件夹路径和要删除的工作表名称
directory_path = r"D:\work\python-excel\ 删除指定的工作表 "
sheet_name = "3 月薪酬 "
remove_specific_sheet_from_excel(directory_path, sheet_name)
```

脚本功能解释：

1. 导入模块：使用 os 来操作目录和文件路径，使用 xlwings 来控制 Excel。
2. 函数定义：创建函数 remove_specific_sheet_from_excel，接收目录路径和要删除的工作表名称。
3. 遍历文件：遍历指定目录下的所有 .xlsx 文件。
4. 打开文件和删除工作表：对于每个文件，使用 xlwings 打开 Excel 工作簿，检查是否存在指定的工作表，如果存在，则删除。
5. 保存和关闭：更改后保存工作簿并关闭，同时确保在出错时能关闭 Excel 应用，避免进程挂起。
6. 错误处理：添加了异常处理逻辑，以便在出现问题时输出错误信息并正确关闭 Excel 应用。

这样的脚本可以有效地处理大量文件中的特定工作表删除任务，自动化程度高，减少了手动操作的需求和出错可能。

具体的效果如图 5-8 所示。

	A	B	C	D	E	F	G
1	员工编号	员工姓名	基本工资（元）	绩效奖金（元）	社会保险（元）	公积金（元）	其他福利（元）
2	1	张三	12000	1800	1200	600	500
3	2	李四	15000	2500	1500	750	800
4	3	王五	8000	1000	800	400	300
5	4	赵六	10000	1500	1000	500	400
6	5	周七	9000	1200	900	450	350
7	6	吴八	14000	2300	1400	700	650
8	7	郑九	13000	2000	1300	650	550
9	8	王十	11000	1600	1100	550	500
10	9	陈十一	8500	1100	850	425	375
11	10	马十二	9500	1300	950	475	425

< > 1月薪酬 | 2月薪酬 | 4月薪酬 | 5月薪酬 | 员工年度绩效 | +

图 5-8 删除指定工作表

运行脚本后，3 月份的薪酬统计表从工作簿中被移除。

5.5 工作簿的拆分

拆分工作簿也是工作中比较常见的场景,这里展示两种形式,一种是将工作表当作整体拆分出去,另一种是将表的内容按照某种规则进行拆分。

5.5.1 让工作表成为独立的文件

以图 5-9 中的薪酬统计 Excel 文件为例。

员工编号	员工姓名	部门	职位	入职日期	2023年绩效评分
1	张三	销售部	销售经理	2019/6/15	88
2	李四	技术部	软件工程师	2018/8/23	92
3	王五	人力资源	HR专员	2020/5/11	85
4	赵六	市场部	市场分析师	2021/2/1	90
5	周七	客服部	客服代表	2022/1/18	87
6	吴八	财务部	会计	2017/9/7	95
7	郑九	研发部	产品经理	2021/6/29	91
8	王十	技术部	网络工程师	2019/3/15	89

员工年度绩效 | 1月薪酬 | 2月薪酬 | 4月薪酬 | 5月薪酬

图 5-9 需要拆分的工作簿

需求整理: 需要将工作簿中所有的工作表全部拆分为独立的文件,相应的新文件命名规则要告诉 AI,或者让 AI 决定。

> 问:
> 请使用 Python 编写一段脚本,需求如下:

请将指定路径下 Excel 文件所包含的所有工作表全部单独保存为独立的 Excel 文件，文件名使用工作表名。

文件路径：

D:\work\python-excel\ 拆分工作簿

文心：

要使用 xlwings 库将指定路径下的 Excel 文件中的所有工作表拆分为单独的 Excel 文件，可以编写一个 Python 脚本来实现这一功能。这个脚本将遍历指定文件夹中的 Excel 文件，为每个工作表创建一个新的 Excel 文件，并使用工作表的名称作为新文件的文件名。

下面是一个实现这一功能的 Python 脚本：

```python
import os
import xlwings as xw

def split_worksheets_to_files(directory_path):
    # 遍历目录中的所有 Excel 文件
    for filename in os.listdir(directory_path):
        if filename.endswith('.xlsx'):
            full_path = os.path.join(directory_path, filename)

            # 使用 xlwings 打开 Excel 文件
            app = xw.App(visible=False)  # 创建一个不可见的 Excel 实例
            workbook = app.books.open(full_path)

            # 遍历所有工作表
            for sheet in workbook.sheets:
                # 为每个工作表创建一个新的工作簿
                new_workbook = app.books.add()
                sheet.copy(after=new_workbook.sheets[0])
                new_workbook.sheets[0].delete()  # 删除新工作簿中的默认工作表

                # 保存新的工作簿为 Excel 文件，文件名为工作表名
                new_file_path = os.path.join(directory_path, f"{sheet.name}.xlsx")
                new_workbook.save(new_file_path)
                new_workbook.close()
                print(f" 工作表 '{sheet.name}' 已保存为文件 '{new_file_path}'")
```

```
        # 关闭原工作簿
        workbook.close()
        app.quit()
# 指定需要处理的文件夹路径
directory_path = r"D:\work\python-excel\ 拆分工作簿 "
split_worksheets_to_files(directory_path)
```

脚本功能解释：
1. 导入模块：使用 os 来处理文件路径，使用 xlwings 来操作 Excel。
2. 定义函数：函数 split_worksheets_to_files 遍历指定目录中的所有 Excel 文件。
3. 遍历工作表：对于每个 Excel 文件中的每个工作表，创建一个新的 Excel 工作簿，并将当前工作表复制到这个新工作簿中。
4. 保存新工作簿：将每个新创建的工作簿保存为一个新文件，文件名为原工作表的名称。
5. 关闭工作簿和 Excel 实例：在处理完每个文件后关闭工作簿和 Excel 应用，确保资源被正确释放。
6. 反馈：输出每个工作表被保存的信息，帮助跟踪进度和结果。
这个脚本提供了一个有效的方式来将一个包含多个工作表的 Excel 文件拆分为多个单独的文件，每个文件对应一个工作表，极大地方便了后续的文件管理和数据处理。

运行代码，效果如图 5-10 所示。

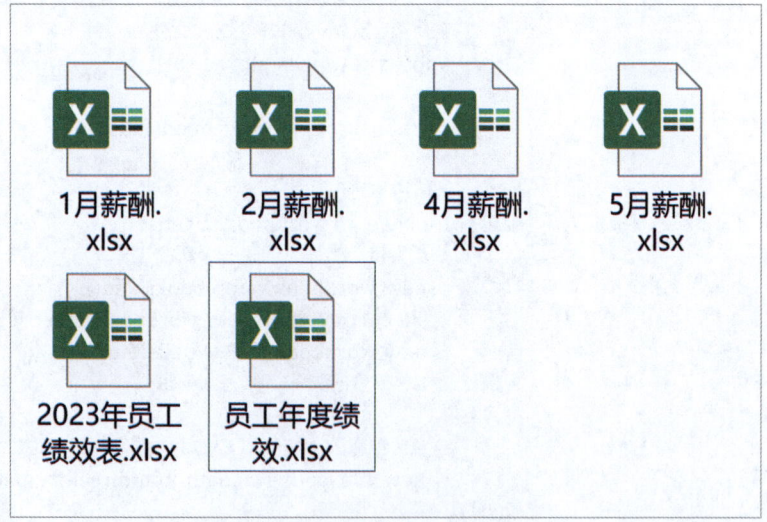

图 5-10 拆分结果

拆分后的工作表都存放在了指定的路径下，表的命名也是按照设计的规则来的。

5.5.2 拆分工作表

这一节要演示的是如何将一张工作表进行内容上的拆分，示例如图 5-11。这是一张虚构的 2024 年的销售情况表，其中包含了月份、员工姓名、销售总额、单项产品销售额以及客户满意度评分。

	A	B	C	D	E	F	G
1	月份	员工姓名	销售总额（元）	产品A销售额（元）	产品B销售额（元）	产品C销售额（元）	客户满意度评分（1~10）
2	1月	张三	100,000	30,000	40,000	30,000	8
3	1月	李四	120,000	50,000	40,000	30,000	8.5
4	1月	王五	110,000	40,000	35,000	35,000	8.3
5	2月	张三	135,000	45,000	55,000	35,000	7.5
6	2月	李四	140,000	60,000	40,000	40,000	7.8

图 5-11 拆分一张工作表上的内容

1. 按内容拆解为不同工作表

首先将这张表在工作簿中进行拆分，也就是说拆分后的表都会存储在同一个文件中。

> **问：**
>
> 请使用 Python 编写一段脚本，需求如下：
>
> 请你将指定路径下工作簿所包含的工作表，在源文件中按照月份拆分成不同的工作表。原工作表的第一列表头为"月份"，形式为"1月"等。拆分后工作表的命名形式为"1月份销售情况"等。使用 pandas 库来实现。
>
> 文件路径：
>
> D:\work\python-excel\ 拆分工作表
>
> **文心：**
>
> 要使用 pandas 库将指定路径下 Excel 工作簿中的数据按"月份"列拆分，并在同一个文件中创建多个工作表，每个工作表对应一个月份，可以按照以下步骤编写脚本：

1. 读取原始 Excel 文件。

2. 根据"月份"列的值将数据分割到不同的 DataFrame。

3. 在同一个 Excel 文件中为每个月份创建一个新的工作表。

4. 保存更改到原始或新的 Excel 文件。

下面是具体实现的脚本：

```Python
import pandas as pd
import os

def split_worksheets_by_month(source_file):
    # 读取 Excel 文件
    df = pd.read_excel(source_file)

    # 获取所有独特的月份值
    unique_months = df['月份'].unique()

    # 创建一个 pandas 的 ExcelWriter，用于写入多个工作表
    with pd.ExcelWriter(source_file, engine='openpyxl', mode='a') as writer:
        # 检查现有工作表并移除（如果你想在相同的文件中更新工作表）
        workbook = writer.book
        existing_sheets = workbook.sheetnames
        for month in unique_months:
            formatted_name = f"{month} 份销售情况"
            if formatted_name in existing_sheets:
                # 如果工作表已存在，则先删除
                del workbook[formatted_name]

        # 根据每个月份创建新工作表
        for month in unique_months:
            month_data = df[df['月份'] == month]
            formatted_name = f"{month} 份销售情况"
            month_data.to_excel(writer, sheet_name=formatted_name, index=False)
            print(f" 已创建工作表：{formatted_name}")

    print(" 所有工作表已更新完毕。")

# 指定 Excel 文件的路径
file_path = r"D:\work\python-excel\ 拆分工作表 \2024 年销售情况记录 .xlsx"
split_worksheets_by_month(file_path)
```

> 注意事项:
> 1. 工作表删除: 如果原始文件中已经存在同名的工作表, 该脚本会先删除这些工作表再创建新的。这是为了避免写入时的冲突。
> 2. 文件保存: 使用 pandas.ExcelWriter 的 mode='a' 参数, 该模式允许添加工作表到现有 Excel 文件而不覆盖原有内容。
> 3. 引擎选择: 这里使用 openpyxl 作为引擎是因为它支持向现有的 .xlsx 文件添加工作表。
>
> 这段脚本将便捷地按月份拆分工作表并在源 Excel 文件中更新, 适用于需要在同一文件中管理不同时间段数据的情形。

运行代码, 效果如图 5-12 所示。

图 5-12 工作表被拆分后的效果

2. 按内容拆解为独立文件

这一部分将演示如何把工作表按照规则拆分为不同的文件。

这里的需求与前面大体上是相同的, 将拆分结果的部分稍作更改即可。

> **问:**
>
> 请使用 Python 编写一段脚本, 需求如下:
>
> 请你将指定路径下工作簿所包含的工作表, 按照月份拆分成不同的工作簿文件。原工作表的第一列表头为"月份", 形式为"1月"等。拆分后工作簿的命名形式为"1月份销售情况"等。使用 pandas 库来实现。
>
> 文件路径:
>
> D:\work\python-excel\ 拆分工作表

文心：

要使用 pandas 库将一个包含"月份"列的 Excel 工作表按月份拆分并保存为单独的 Excel 文件，可以编写一个 Python 脚本来实现这一功能。这个脚本将读取指定路径下的 Excel 文件，检查"月份"列，然后根据该列的值将数据分割到不同的工作表，并保存为独立的 Excel 文件。

下面是实现这一需求的 Python 脚本：

```python
import pandas as pd
import os

def split_excel_sheets_by_month(file_path, output_directory):
    # 读取 Excel 文件
    df = pd.read_excel(file_path)

    # 确保输出目录存在
    if not os.path.exists(output_directory):
        os.makedirs(output_directory)

    # 按"月份"列的值拆分数据
    months = df['月份'].unique()  # 获取所有唯一的月份
    for month in months:
        # 提取对应月份的数据
        month_data = df[df['月份'] == month]

        # 生成输出文件名
        output_file_name = f"{month} 份销售情况.xlsx"
        output_file_path = os.path.join(output_directory, output_file_name)

        # 保存数据到新的 Excel 文件
        month_data.to_excel(output_file_path, index=False)
        print(f"工作表已保存到：{output_file_path}")

def split_all_files_in_directory(directory_path):
    # 遍历目录中的所有 Excel 文件
    for filename in os.listdir(directory_path):
        if filename.endswith('.xlsx'):
            file_path = os.path.join(directory_path, filename)
            output_directory = os.path.join(directory_path, "拆分结果")
            split_excel_sheets_by_month(file_path, output_directory)
            print(f"已处理文件：{filename}")
```

```
# 指定文件夹路径
directory_path = r"D:\work\python-excel\ 拆分工作表 "
split_all_files_in_directory(directory_path)
```

脚本功能解释：
1. 导入模块：使用 pandas 读取和处理 Excel 文件，使用 os 来处理文件和目录路径。
2. 定义函数：函数 split_excel_sheets_by_month 读取单个 Excel 文件，按"月份"列的值拆分数据并保存到独立的文件中。
3. 创建输出目录：检查指定的输出目录是否存在，如果不存在，则创建它。
4. 读取和拆分数据：从 Excel 文件中读取数据，使用 pandas 的筛选功能根据"月份"列的值拆分数据。
5. 保存数据：将拆分后的数据保存为新的 Excel 文件，文件名反映了数据的内容和月份。
6. 处理目录中所有文件：函数 split_all_files_in_directory 遍历指定目录下的所有 Excel 文件，对每个文件调用拆分函数，并创建一个子目录用于存放拆分结果。
这个脚本允许自动化地处理含有月份数据的工作表，将其按月份拆分并分别保存，使得数据管理更为便捷和有序。

这里把需求更改为拆分成独立文件进行存储，运行脚本，效果如图 5-13 所示。

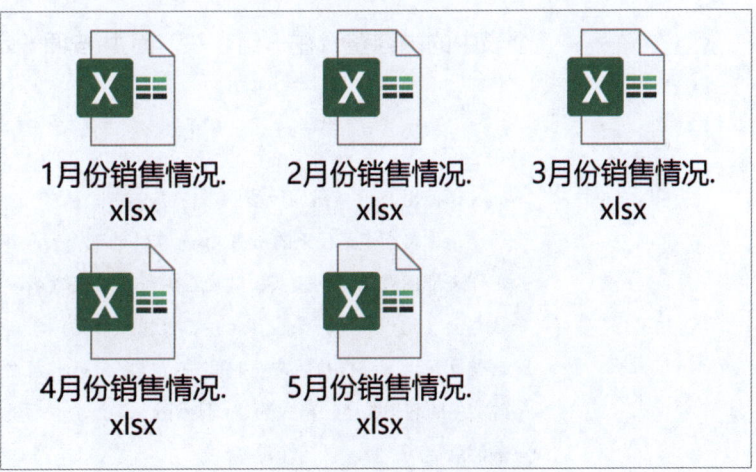

图 5-13 拆分成独立文件后的效果

5.6 合并工作簿

上一节演示了如何将单个工作表进行拆分,这一节反过来,将不同的内容整合为一个工作表。图 5-14 展示了多个工作簿,要做的就是将这些工作簿中的表单整合为一个表。

图 5-14 多个工作簿

需求整理: 这几个表的表头全都一模一样,在整合的时候需要将这几个表中的内容整合在一组表头下面,并按照一定的规则进行排列。

> 问:
>
> 请使用 Python 编写一段脚本,需求如下:
>
> 请你将指定路径下的所有 Excel 文件的工作表合并为一个工作表,这些工作表都拥有同样的表头:"员工编号、员工姓名、基本工资(元)、绩效奖金(元)、社会保险(元)、公积金(元)、其他福利(元)、总计薪酬(元)",合并后按照时间进行排序,第一列改为时间,具体时间由源文件的名称决定,格式为"1月薪酬"等。合并后的文件取名"2023年薪酬汇总"。
>
> 文件路径:
>
> D:\work\python-excel\ 合并工作表
>
> 文心:
>
> 要将指定路径下所有 Excel 文件的工作表合并为一个工作表,并根据文件名称中的月份添加时间列进行排序,可以使用 pandas 库来读取、合并、

排序数据，并最终保存到一个新的 Excel 文件中。

下面是实现这一需求的 Python 脚本：

Python
```python
import pandas as pd
import os
import re

def merge_and_sort_excel_sheets(directory_path, output_file):
    all_data = pd.DataFrame()

    # 遍历目录中的所有 Excel 文件
    for filename in os.listdir(directory_path):
        if filename.endswith('.xlsx'):
            file_path = os.path.join(directory_path, filename)

            # 从文件名提取月份
            month_match = re.search(r'(\d+)月薪酬', filename)
            if month_match:
                month = month_match.group(1) + '月'
            else:
                continue  # 如果没有匹配到月份则跳过该文件

            # 读取 Excel 文件的第一个工作表
            df = pd.read_excel(file_path)
            # 增加时间列
            df['时间'] = month
            # 合并到总数据集
            all_data = pd.concat([all_data, df])

    # 调整列的顺序，将时间列移至第一列
    cols = ['时间'] + [col for col in all_data if col != '时间']
    all_data = all_data[cols]

    # 根据时间排序
    all_data['时间'] = pd.Categorical(all_data['时间'], categories=[f"{i}月" for i in range(1, 13)], ordered=True)
    all_data.sort_values('时间', inplace=True)
    # 保存合并后的数据到新的 Excel 文件
    output_path = os.path.join(directory_path, output_file)
    all_data.to_excel(output_path, index=False)
    print(f"合并后的数据已保存到：{output_path}")

# 指定文件夹路径和输出文件名
directory_path = r"D:\work\python-excel\合并工作表"
output_file = "2023年薪酬汇总.xlsx"
```

> merge_and_sort_excel_sheets(directory_path, output_file)
>
> 脚本功能解释:
> 1. 导入模块: 使用 pandas 处理 Excel 数据, 使用 os 操作文件路径, 使用 re 进行正则表达式匹配。
> 2. 定义函数: 函数 merge_and_sort_excel_sheets 接收目录路径和输出文件名作为参数。
> 3. 读取和合并数据: 遍历指定目录下所有 Excel 文件, 读取文件, 并为每个工作表数据添加一个时间列, 这个时间信息来自文件名。
> 4. 添加时间列: 基于文件名中的 "X 月薪酬" 提取月份, 并添加到每个工作表的数据中。
> 5. 数据合并: 将所有工作表的数据合并到一个 DataFrame 中。
> 6. 排序: 使用 pandas.Categorical 来确保按照月份顺序排序。
> 7. 保存结果: 将整理后的数据保存为一个新的 Excel 文件。
>
> 这个脚本有效地实现了从多个文件中提取和整合数据的需求, 确保最终生成的文件中包含了整年的薪酬信息, 并按照时间顺序排列。

整合后的效果如图 5-15 所示。

	A	B	C	D	E	F	G	H	I
1	时间	员工编号	员工姓名	基本工资（元）	绩效奖金（元）	社会保险（元）	公积金（元）	其他福利（元）	总计薪酬（元）
2	1月	1	张三	12000	1800	1200	600	500	16100
3	1月	2	李四	15000	2500	1500	750	800	20550
4	1月	3	王五	8000	1000	800	400	300	10500
5	1月	4	赵六	10000	1500	1000	500	400	13400
6	1月	5	周七	9000	1200	900	450	350	11900
7	1月	6	吴八	14000	2300	1400	700	650	19050
8	1月	7	郑九	13000	2000	1300	650	550	17500
9	1月	8	王十	11000	1600	1100	550	500	14750
10	1月	9	陈十一	8500	1100	850	425	375	11250
11	1月	10	马十二	9500	1300	950	475	425	12650
12	2月	10	马十二	9500	1200	950	475	425	12550
13	2月	9	陈十一	8500	950	850	425	375	11100

图 5-15 整合后的工作表

可以看到所有的内容全部被存储在了一个工作表中, 并且是按照月份顺序往下排的。

5.7 将某一列内容添加到其他工作表中

现在又遇到了一个新的情况,即需要将图 5-16 中学生的联系电话这一列添加到别的工作表中。

	A	B	C	D	E	F	G
1	学号	姓名	年级	专业	联系电话	邮箱地址	
2	123456	张三	大一	计算机科学	13800001234	zhangsan@example.com	
3	123457	李四	大二	机械工程	13800001235	lisi@example.com	
4	123458	王五	大三	市场营销	13800001236	wangwu@example.com	
	123459	赵六	大一	国际贸易	13800001237	zhaoliu@example.	

图 5-16 学生信息工作表

需求整理: 将联系电话这一列的内容添加到其他的所有工作表中并不能简单地复制进去,电话号码还需要按照学生姓名或者学号来一一对应。将具体的规则告诉 AI,来看看 AI 是如何做到的。

> **问:**
> 请使用 Python 编写一段脚本,需求如下:
> 请你将指定的 Excel 文件中"联系电话"这一列添加到同目录的其他所有 Excel 文件的工作表中,"学号"要一一对应。
> 文件路径:
> D:\work\python-excel\ 合并列 \ 学生信息 .xlsx

文心：

要将指定的 Excel 文件中"联系电话"这一列根据"学号"一一对应地添加到同目录下其他所有 Excel 文件中，可以使用 pandas 库来读取、合并数据，并将更新后的数据保存回 Excel 文件。

以下是完成这项任务的 Python 脚本：

```python
import pandas as pd
import os

def add_phone_number_to_files(directory_path, reference_file):
    # 读取参考文件中的学号和联系电话
    reference_path = os.path.join(directory_path, reference_file)
    ref_df = pd.read_excel(reference_path)
    # 仅保留学号和联系电话列
    ref_df = ref_df[['学号', '联系电话']]

    # 遍历同一目录下的所有 Excel 文件
    for filename in os.listdir(directory_path):
        if filename.endswith('.xlsx') and filename != reference_file:
            file_path = os.path.join(directory_path, filename)
            # 读取当前 Excel 文件
            current_df = pd.read_excel(file_path)
            # 如果当前文件中有学号列，则进行合并操作
            if '学号' in current_df.columns:
                # 与参考文件中的联系电话进行合并，基于学号
                merged_df = pd.merge(current_df, ref_df, on='学号', how='left')
                # 保存更新后的数据到原文件
                merged_df.to_excel(file_path, index=False)
                print(f"已更新文件：{file_path}")

# 指定目录和参考文件名
directory_path = r"D:\work\python-excel\合并列"
reference_file = "学生信息.xlsx"
add_phone_number_to_files(directory_path, reference_file)
```

脚本功能解释：

1. 导入模块：使用 pandas 处理 Excel 数据，使用 os 处理文件路径。
2. 定义函数：函数 add_phone_number_to_files 接收目录路径和包含参考电话号码的文件名。
3. 读取参考数据：读取包含"学号"和"联系电话"的参考文件。
4. 遍历文件：遍历目录中的所有 Excel 文件（除了参考文件），读取每个文件的数据。
5. 数据合并：使用 pandas.merge() 根据"学号"将联系电话合并到每个文件的数

据中。
6. 保存结果：将合并后的数据保存回相应的 Excel 文件，覆盖原有数据。

这个脚本能够确保在同目录下的所有 Excel 文件中，基于"学号"将"联系电话"列正确地添加进去，如果学号匹配，则更新电话号码；如果不匹配，则该位置为空。这种方法适用于需要根据关键信息更新或合并数据的场景。

运行脚本，来看看合并后另一张工作表的具体情况(图 5-17)。

	A	B	C	D	E	F	G
1	学号	姓名	宿舍楼	宿舍号	床位号	联系电话	
2	123456	张三	学生公寓1号楼	501	1	13800001234	
3	123457	李四	学生公寓1号楼	501	2	13800001235	
4	123458	王五	学生公寓1号楼	502	1	13800001236	
5	123459	赵六	学生公寓1号楼	502	2	13800001237	
6	123460	周七	学生公寓2号楼	601	1	13800001238	
7	123461	吴八	学生公寓2号楼	601	2	13800001239	
8	123462	郑九	学生公寓2号楼	602	1	13800001240	
9	123463	钱十	学生公寓2号楼	602	2	13800001241	
10	123464	孙十一	学生公寓3号楼	701	1	13800001242	
11	123465	李十二	学生公寓3号楼	701	2	13800001243	

图 5-17 合并联系电话后的工作表

合并后的工作表确实是按照一一对应的关系进行排列的，这说明 AI 所提供的脚本确实实现了目标。

5.8 从文件中提取指定信息

实际工作中的工作表大多是非常复杂的,有时候需要把与某一项相关的所有信息提取出来单独做成一个表格。如果使用人力去搜索,不仅费时费力,一不小心还有可能遗漏某些项目,使用脚本就不会有这些问题了。

图 5-18 是示例文件,其中每个表单中存储的都是学生的某项信息。

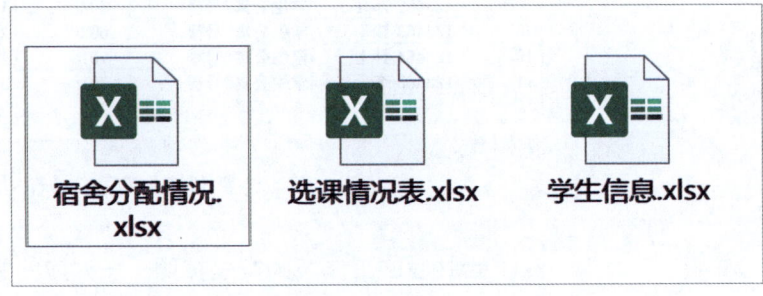

图 5-18 包含不同信息的工作表

需求整理: 现在需要提取示例工作表中某名学生的所有相关信息,并且要把这些信息存储在同一张表格中。提取的时候最好按照学号来,因为学号具有唯一性,姓名却有可能是相同的。

> 问:
> 请使用 Python 编写一段脚本,需求如下:
> 请你从指定路径下的所有 Excel 文件中提取学号为"123456"的学生的所有相关信息,重复的项目请合并,并生成一个工作簿文件。
> 文件路径:
> D:\work\python-excel\ 提取指定信息

文心：

要从指定路径下的所有 Excel 文件中提取学号为"123456"的学生的所有相关信息，并将这些信息整合为一行，同时删除重复的列，可以使用 pandas 库来读取、筛选、合并数据，并进行数据清洗。最后，将整理好的信息写入一个新的 Excel 文件。

下面是实现这一需求的 Python 脚本：

```python
import pandas as pd
import os
import re

def merge_and_sort_excel_sheets(directory_path, output_file):
    all_data = pd.DataFrame()

    # 遍历目录中的所有 Excel 文件
    for filename in os.listdir(directory_path):
        if filename.endswith('.xlsx'):
            file_path = os.path.join(directory_path, filename)

            # 从文件名提取月份
            month_match = re.search(r'(\d+)月薪酬', filename)
            if month_match:
                month = month_match.group(1) + '月'
            else:
                continue  # 如果没有匹配到月份则跳过该文件

            # 读取 Excel 文件的第一个工作表
            df = pd.read_excel(file_path)
            # 增加时间列
            df['时间'] = month
            # 合并到总数据集
            all_data = pd.concat([all_data, df])
    # 调整列的顺序，将时间列移至第一列
    cols = ['时间'] + [col for col in all_data if col != '时间']
    all_data = all_data[cols]

    # 根据时间排序
    all_data['时间'] = pd.Categorical(all_data['时间'], categories=[f"{i}月" for i in range(1, 13)], ordered=True)
    all_data.sort_values('时间', inplace=True)
```

脚本功能解释：
1. 导入库：使用 pandas 处理 Excel 数据，使用 os 操作文件路径。

> 2. 定义函数：函数 consolidate_student_info 接收目录路径和学号作为参数。
> 3. 读取和筛选数据：遍历指定目录下所有 Excel 文件，读取文件，并筛选出指定学号的学生信息。
> 4. 数据合并和清洗：将所有筛选出的数据合并到一个 DataFrame 中，删除重复的列，确保每个字段唯一。
> 5. 整合为一行：使用第一行数据填充整个 DataFrame，确保只有一行数据表示所有信息。
> 6. 保存结果：将整合后的数据保存为一个新的 Excel 文件。
> 这个脚本能够有效地从多个文件中提取和整合指定学生的信息，最后生成的文件将包含一个清晰、去重的信息行。

运行脚本，提取后的效果如图 5-19 所示。

	A	B	C	D	E	F	G	H	I
1	学号	姓名	宿舍楼	宿舍号	床位号	联系电话	邮箱地址	年级	专业
2	123456	张三	学生公寓1号楼	501	1	13800001234	zhangsan@example.com	大一	计算机科学
3	123457	李四	学生公寓1号楼	501	2	13800001235	lisi@example.com	大二	机械工程
4	123458	王五	学生公寓1号楼	502	1	13800001236	wangwu@example.com	大三	市场营销

图 5-19 按照某一特征提取的效果

根据表头的不同，与这名学生相关的所有信息都被提取到了同一张工作表内。

5.9 制作索引表

索引表的意思是在一个空白表中创建当前文件中所有工作表索引，点击这些索引能够直接跳转到对应的表单。在工作表比较多的时候，自建索引要比软件自带的导航更加灵活。这一节就以图 5-20 中的工作簿文件为例，演示如何使用脚本自动添加索引表。

	A	B	C	D	E	F
1	员工编号	员工姓名	部门	职位	入职日期	2023年绩效评分
2	1	张三	销售部	销售经理	2019/6/15	88
3	2	李四	技术部	软件工程师	2018/8/23	92
4	3	王五	人力资源	HR专员	2020/5/11	85
5	4	赵六	市场部	市场分析师	2021/2/1	90
6	5	周七	客服部	客服代表	2022/1/18	87
7	6	吴八	财务部	会计	2017/9/7	95

‹ › 员工年度绩效 | 1月薪酬 | 2月薪酬 | 4月薪酬 | 5月薪酬 | +

图 5-20 工作簿文件

需求整理： 索引表肯定要是工作簿中的第一张表，索引项的排序最好是按照原工作表的顺序。

> 问：
> 请使用 Python 编写一段脚本，需求如下：
> 请你为指定路径下每个 Excel 文件都制作一个索引表，内容是文件中其他所有工作表的索引，点击后可跳转到对应的工作表。索引表作为当前文件的第一张表。使用 xlwings 库来实现。
> 文件路径：
> D:\work\python-excel\ 索引表

05 Excel 自动化脚本进阶

文心：

要使用 xlwings 库为指定路径下的每个 Excel 文件创建一个包含所有工作表索引的工作表，并确保该索引表是每个文件的第一个工作表。

下面是一个使用 xlwings 完成这项任务的 Python 脚本：

```Python
import os
import xlwings as xw

def create_index_sheet(directory_path):
    # 遍历指定目录下的所有 Excel 文件
    for filename in os.listdir(directory_path):
        if filename.endswith('.xlsx'):
            file_path = os.path.join(directory_path, filename)
            app = xw.App(visible=False)
 # 运行 Excel 的实例，不显示界面
            wb = app.books.open(file_path)

            # 如果索引表已存在，则删除
            if 'Index' in [sheet.name for sheet in wb.sheets]:
                wb.sheets['Index'].delete()

            # 在工作簿前面创建一个新的索引表
            index_sheet = wb.sheets.add(name='Index', before=wb.sheets[0])

            # 向索引表中添加工作表链接
            for i, sheet in enumerate(wb.sheets):
                if sheet.name != 'Index':
                    index_sheet.range(f'A{i+1}').value = sheet.name
                    index_sheet.range(f'A{i+1}').add_hyperlink(f"#{sheet.name}!A1", text_to_display=sheet.name)

            # 保存并关闭工作簿
            wb.save()
            wb.close()
            app.quit()
            print(f"Updated '{filename}' with an index sheet.")

# 指定文件夹路径
directory_path = r"D:\work\python-excel\ 索引表 "
create_index_sheet(directory_path)
```

> 脚本功能解释：
> 1. 导入 xlwings 模块：用于操作 Excel 文件。
> 2. 定义函数：函数 create_index_sheet 接收目录路径。
> 3. 创建索引表：为每个 Excel 文件创建一个名为 "'Index'" 的新工作表，放在工作簿的最前面。
> 4. 添加超链接：为索引表中的每个单元格添加指向对应工作表的超链接。
> 5. 保存和关闭：完成后保存修改并关闭工作簿以及 Excel 应用实例。
> 这个脚本使用 xlwings 提供了一种简单的方法来为每个 Excel 文件快速创建和更新包含超链接的索引工作表，使用户可以直接从索引表跳转到任何工作表。

运行脚本，创建的索引表如图 5-21 所示。

图 5-21 索引表的样式

5.10 表格样式设置

不同的人有不同的习惯,许多工作文件到手上的时候样式可以说是千奇百怪。借助脚本可以针对字体、字号、表格样式等内容进行统一的修改,让这些文件的格式更加符合要求。图5-22是需要修改样式的工作表。

	A	B	C	D	E	F	G
1	员工编号	员工姓名	部门	职位	入职日期	2023年绩效评分	
2	1	张三	销售部	销售经理	2019/6/15	88	
3	2	李四	技术部	软件工程师	2018/8/23	92	
4	3	王五	人力资源	HR专员	2020/5/11	85	
5	4	赵六	市场部	市场分析师	2021/2/1	90	
6	5	周七	客服部	客服代表	2022/1/18	87	
7	6	吴八	财务部	会计	2017/9/7	95	
8	7	郑九	研发部	产品经理	2021/6/29	91	

图5-22 需要修改样式的工作表

需求整理: 需要把工作表中的字体更改为楷体,字号也要进行调整。另外,表格最好能有个表明界线的边框。

> **问:**
> 请使用 Python 编写一段脚本,需求如下:
> 请你将指定路径下所有 Excel 文件的内容设置为"楷体",字号调整为10号,并给所有表格加一个边框。
> 文件路径:
> D:\work\python-excel\ 表格样式
>
> **文心:**
> 要使用 xlwings 库设置指定路径下所有 Excel 文件的内容为"楷体",字号调整为10号,并给所有单元格加上边框。

下面是一个 Python 脚本，用于更新指定目录下所有 Excel 文件的工作表样式。

```python
import xlwings as xw
import os

def format_excel_files(directory_path):
    # 遍历目录中的所有 Excel 文件
    for filename in os.listdir(directory_path):
        if filename.endswith('.xlsx'):
            file_path = os.path.join(directory_path, filename)
            app = xw.App(visible=False)  # 创建 Excel 应用实例，不显示界面
            wb = app.books.open(file_path)

            # 遍历工作簿中的所有工作表
            for sheet in wb.sheets:
                # 获取工作表的使用范围
                used_range = sheet.used_range
                # 设置字体和字号
                used_range.api.Font.Name = '楷体'
                used_range.api.Font.Size = 10
                # 设置边框
                for border_id in range(7, 13):  # 遍历所有边框（左，右，上，下，内横，内纵）
                    used_range.api.Borders(border_id).LineStyle = 1  # 设置边框样式（细线）
                    used_range.api.Borders(border_id).Weight = 2  # 设置边框粗细

                # 保存并关闭工作簿
                wb.save()
                wb.close()
                print(f"Updated '{filename}' with new style.")

            app.quit()  # 关闭 Excel 应用实例

# 指定文件夹路径
directory_path = r"D:\work\python-excel\表格样式"
format_excel_files(directory_path)
```

脚本功能解释：
1. 导入 xlwings 模块：用于操作 Excel 文件。
2. 定义函数：函数 format_excel_files 接收目录路径。

> 3. 打开 Excel 文件：使用 xlwings 打开每个 Excel 文件。
> 4. 设置样式：
> ● 使用 used_range 获取工作表中已使用的区域。
> ● 设置所有文本的字体为"楷体"，字号为 10。
> ● 添加边框，设置边框样式为细线，粗细为 2。
> 5. 保存和关闭：对每个工作簿应用更改后保存并关闭，避免文件损坏或数据丢失。
> 6. 关闭 Excel 应用：所有文件处理完成后关闭 Excel 应用，确保资源正确释放。
> 此脚本能够高效地为文件夹内的所有 Excel 文件统一设置所需的样式，是处理大量文件时的理想选择。

调整文件内部的样式同样可以使用 xlwings 库。运行这段脚本，结果如图 5-23 所示。

	A	B	C	D	E	F
1	员工编号	员工姓名	部门	职位	入职日期	2023年绩效评分
2	1	张三	销售部	销售经理	2019/6/15	88
3	2	李四	技术部	软件工程师	2018/8/23	92
4	3	王五	人力资源	HR专员	2020/5/11	85
5	4	赵六	市场部	市场分析师	2021/2/1	90
6	5	周七	客服部	客服代表	2022/1/18	87
7	6	吴八	财务部	会计	2017/9/7	95

图 5-23 更改样式后的工作表

在这个例子中，所进行的设置都是一些比较简单的项目，实践中可以提出一些更为全面的要求，多加入一些修改项。这样的话脚本就可以作为样式调整的模板，根据代码段中注释的位置能够锁定每个修改项具体是哪些语句在起作用，再有别的需求就可以直接修改语句中的数值，从而复用这样的基本模板。

5.11 插入函数计算

函数运算是 Excel 极为重要的一项功能，如果要使用脚本来添加函数则会有一点复杂，但幸运的是有 AI。

需求整理： 在图 5-24 的工作表中，想要添加一列新的函数计算列，用来计算薪资的总和。此外，还要避免 AI 将员工编号当作数值来加入总和。

	A	B	C	D	E	F	G
1	员工编号	员工姓名	基本工资（元）	绩效奖金（元）	社会保险（元）	公积金（元）	其他福利（元）
2	1	张三	12,000	1,800	1,200	600	500
3	2	李四	15,000	2,500	1,500	750	800
4	3	王五	8,000	1,000	800	400	300
5	4	赵六	10,000	1,500	1,000	500	400
6	5	周七	9,000	1,200	900	450	350
7	6	吴八	14,000	2,300	1,400	700	650

图 5-24 需要加入函数的工作表

> **问：**
>
> 请使用 Python 编写一段脚本，需求如下：
>
> 请你为指定路径下的 Excel 文件增加一列函数计算，内容是将除前两列之外其他列所有数值相加，此列的表头为"全部薪酬（元）"。使用 xlwings 库实现。
>
> 文件路径：
>
> D:\work\python-excel\函数计算
>
> **文心：**
>
> 要使用 xlwings 库为指定路径下的 Excel 文件中的每个工作表增加一列，这列是除前两列之外其他所有列的数值之和，并将这列的表头设置为"全部薪酬（元）"。
>
> 下面是一个 Python 脚本，用于实现上述功能。

Python

```python
import xlwings as xw
import os

def get_column_letter(col_idx):
    """ 将列索引转换为 Excel 列字母 """
    string = ""
    while col_idx > 0:
        col_idx, remainder = divmod(col_idx - 1, 26)
        string = chr(65 + remainder) + string
    return string

def add_total_compensation_column(directory_path):
    app = xw.App(visible=True)
    # 创建 Excel 应用实例，设置为可见以便观察
    try:
        for filename in os.listdir(directory_path):
            if filename.endswith('.xlsx'):
                file_path = os.path.join(directory_path, filename)
                wb = app.books.open(file_path)

                for sheet in wb.sheets:
                    # 尝试找到非空的最后一列
                    try:
                        last_col_idx = sheet.range('A1').expand('table').last_cell.column
                        last_col_letter = get_column_letter(last_col_idx)
                    except Exception as e:
                        print(f"Error finding last column in {filename}: {e}")
                        continue

                    new_col_letter = get_column_letter(last_col_idx + 1)
                    first_data_row = 2
                    last_data_row = sheet.range('A' + str(first_data_row)).end('down').row

                    # 添加新列标题
                    sheet.range(new_col_letter + '1').value = ' 全部薪酬（元） '
                    # 设置公式计算除前两列外其他列的和
                    for row in range(first_data_row, last_data_row + 1):
                        formula_range = f"C{row}:{last_col_letter}{row}"
                        sheet.range(new_col_letter + str(row)).formula = f'=SUM({formula_range})'
                        print(f"Processed {filename}, sheet {sheet.name}, row {row}")
```

```
        wb.save()
        wb.close()
finally:
    app.quit()  # 确保关闭 Excel 应用

directory_path = r"D:\work\python-excel\ 函数计算 "
add_total_compensation_column(directory_path)
```

脚本功能解释：
1. 导入 xlwings 模块：用于操作 Excel 文件。
2. 定义函数：函数 add_total_compensation_column 接收目录路径。
3. 打开 Excel 文件：使用 xlwings 打开每个 Excel 文件。
4. 计算总和：
- 确定数据开始和结束的行列。
- 在最后一列之后添加新的列，并为其设置标题"全部薪酬（元）"。
- 使用 Excel 公式计算第三列到最后一列的总和，并将结果放在新列中。
5. 保存和关闭：对每个工作簿应用更改后保存并关闭。
6. 关闭 Excel 应用：所有文件处理完成后关闭 Excel 应用，确保资源正确释放。
此脚本将为目录下的每个 Excel 文件的每个工作表添加一个新列，这列计算了所有指定列的数值之和，方便对数据进行财务汇总或审核。

完成代码的输出后，还需要核对一下 AI 所给出的答案是否正确，具体的情况如图 5-25 所示。

员工编号	员工姓名	基本工资（元）	绩效奖金（元）	社会保险（元）	公积金（元）	其他福利（元）	全部薪酬（元）
1	张三	12,000	1,800	1,200	600	500	16,100
2	李四	15,000	2,500	1,500	750	800	20,550
3	王五	8,000	1,000	800	400	300	10,500
4	赵六	10,000	1,500	1,000	500	400	13,400
5	周七	9,000	1,200	900	450	350	11,900
6	吴八	14,000	2,300	1,400	700	650	19,050
7	郑九	13,000	2,000	1,300	650	550	17,500
8	王十	11,000	1,600	1,100	550	500	14,750

图 5-25 加入了函数列的工作表

可以看到脚本满足了需求。函数运算实现起来其实有两种方法，第一种用脚本给工作表添加函数的方法就不用多说了，第二种方法就是直接让 AI 帮忙计算，然后把算得的内容作为新内容添加进目标工作表中。第一种方法更直接，后期如果想要在工作文件中做一些改动，也是第一种方法更为方便。

5.12 批量打印工作表

借助自动化脚本，我们还可以批量打印某些符合格式的工作表，这里的格式指的是命名的索引格式，比如"2023年7月份之前的财务报表"。在工作文件太多的时候使用脚本是一种比较方便的办法。

需求整理： 图5-26是我们需要打印的文件，其中包含了多张工作表，在这个例子中只打印每个月的薪酬表单，其余的不需要打印。

图5-26 需要打印的工作簿文件

> **问：**
> 请使用Python编写一段脚本，需求如下：
> 请你将指定路径下所有符合命名格式的工作表进行打印。
> 命名格式要求：类似于"1月薪酬"的格式。
> 文件路径：
> D:\work\python-excel\打印工作表
>
> **文心：**
> 要使用Python脚本自动打印符合特定命名格式（例如"1月薪酬"）的Excel工作表，可以使用xlwings库来完成这个任务。xlwings允许我们不仅操作Excel文件，还可以使用Excel的打印功能。

以下是一个 Python 脚本，用于从指定路径下的所有 Excel 文件中找到并打印符合命名格式的工作表。

```Python
import xlwings as xw
import os
import re

def print_matching_sheets(directory_path):
    # 定义匹配模式，匹配类似 "1月薪酬" 的格式
    pattern = re.compile(r'^\d+ 月薪酬 $')

    app = xw.App(visible=True)  # 创建一个可见的 Excel 实例
    try:
        # 遍历目录下的所有 Excel 文件
        for filename in os.listdir(directory_path):
            if filename.endswith('.xlsx'):
                file_path = os.path.join(directory_path, filename)
                wb = app.books.open(file_path)

                # 遍历工作簿中的所有工作表
                for sheet in wb.sheets:
                    # 检查工作表名称是否符合特定格式
                    if pattern.match(sheet.name):
                        print(f"Printing sheet: {sheet.name} in file: {filename}")
                        sheet.api.PrintOut()
                        # 使用 xlwings 的 API 调用 Excel 的打印功能

                wb.close()
    finally:
        app.quit()  # 无论如何都确保关闭 Excel 应用

# 指定文件夹路径
directory_path = r"D:\work\python-excel\ 打印工作表 "
print_matching_sheets(directory_path)
```

脚本功能解释：
1. 导入模块：使用 xlwings 来操作 Excel 文件，使用 os 来处理文件路径，re 用于正则表达式匹配。
2. 定义函数：函数 print_matching_sheets 接收目录路径。
3. 正则表达式匹配：定义一个正则表达式来匹配类似于 "1月薪酬" 这样的工作表名称。
4. 打开 Excel 文件：遍历指定目录下所有 Excel 文件，并打开它们。
5. 查找并打印工作表：检查每个工作表的名称是否符合命名格式，如果符合，则打印该工作表。
6. 关闭 Excel 应用：确保在操作完成后关闭 Excel 应用。
请注意，该脚本将使用默认打印机和默认打印设置来打印文档。如果需要更细致地控

> 制打印过程（如指定打印机或打印设置），可能需要进行额外的配置或使用其他方法。此脚本执行时应保证计算机已连接到打印机并配置好相应的打印环境。

为了方便展示，这里我们的系统设置是 PDF 虚拟打印机。脚本运行后会让我们选择存储文件的路径，完成后生成 5 份 PDF 文件（图 5-27），分别是每个月的薪酬，年度绩效工作表则被跳过。

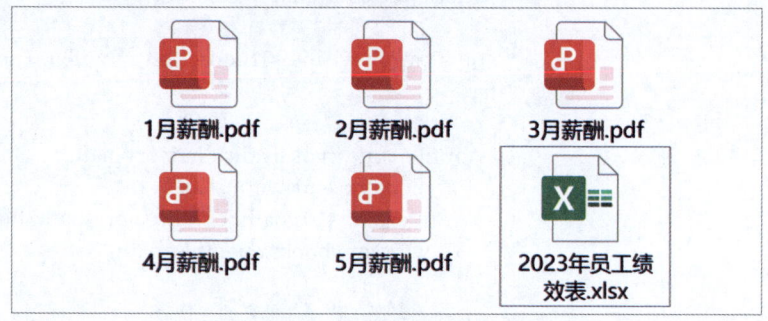

图 5-27 生成的打印文件

最终文件的打印效果如图 5-28 所示。

员工编号	员工姓名	基本工资（元）	绩效奖金（元）	社会保险（元）	公积金（元）	其他福利（元）	总计薪酬（元）
1	张三	12,000	2,100	1,200	600	550	16,450
2	李四	15,000	2,700	1,500	750	850	20,800
3	王五	8,000	1,250	800	400	350	10,800
4	赵六	10,000	1,650	1,000	500	450	13,600
5	周七	9,000	1,350	900	450	400	12,100
6	吴八	14,000	2,450	1,400	700	700	19,250
7	郑九	13,000	2,100	1,300	650	600	17,650
8	王十	11,000	1,850	1,100	550	550	15,050
9	陈十一	8,500	1,150	850	425	400	11,325
10	马十二	9,500	1,450	950	475	475	12,850

图 5-28 虚拟打印效果

相信大家也发现了，对于 AI 编写脚本来说，其实功能实现的部分基本上不用我们操心，更需要我们关注的是在总结需求时的一些细节问题比如在这个例子中，就有一个索引格式设置的问题。告诉 AI 我们想要什么看起来很简单，但是实际操作中会发现这件事情还是很有难度的。

5.13 错误排查方法

这一章的最后一节我们来重点说一下如何在使用 AI 的过程中进行错误的排查与改进。还是拿插入函数计算这种比较复杂的程序实现来说，有些时候 AI 在一开始所给出的代码并不能正常运行，比如说下面这段代码。

```Python
import xlwings as xw
import os

def add_total_compensation_column(directory_path):
    # 遍历目录中的所有 Excel 文件
    for filename in os.listdir(directory_path):
        if filename.endswith('.xlsx'):
            file_path = os.path.join(directory_path, filename)
            app = xw.App(visible=True)  # 创建 Excel 应用实例，可见模式以便观察
            wb = app.books.open(file_path)

            # 遍历工作簿中的所有工作表
            for sheet in wb.sheets:
                # 计算需要汇总的列范围
                last_col = sheet.range('A1').end('right').get_address(0, 0).split('$')[1]  # 最后一列字母
                first_data_row = 2  # 假设数据从第二行开始
                last_data_row = sheet.range('A' + str(first_data_row)).end('down').row  # 数据的最后一行

                # 添加新列标题
                new_col_letter = xw.utils.next_column(last_col)
                sheet.range(new_col_letter + '1').value = '全部薪酬（元）'

                # 设置公式计算除前两列外其他列的和
                for row in range(first_data_row, last_data_row + 1):
                    formula_range = f"C{row}:{last_col}{row}"
                    sheet.range(new_col_letter + str(row)).formula =
```

```
    f'=SUM({formula_range})'

    # 保存并关闭工作簿
    wb.save()
    wb.close()
        print(f"Updated '{filename}' with total compensation column.")

  app.quit()  # 关闭 Excel 应用实例

# 指定文件夹路径
directory_path = r"D:\work\python-excel\ 函数计算 "
add_total_compensation_column(directory_path)
```

这段代码在本地运行时是跑不通的，错误提示如图 5-29 所示。

```
Traceback (most recent call last):
  File "C:\Users\Administrator\PycharmProjects\python-word\word 自动化 .py", line 39, in <module>
    add_total_compensation_column(directory_path)
  File "C:\Users\Administrator\PycharmProjects\python-word\word 自动化 .py", line 16, in add_total_compensation_column
    last_col = sheet.range('A1').end('right').get_address(0, 0).split('$')[1]   # 最后一列字母
                                                                         ^^^
IndexError: list index out of range

进程已结束，退出代码为 1
```

图 5-29 Pycharm 给出的错误提示

这些内容是程序运行时的报错信息，看不明白没有关系，因为我们根本不需要明白。直接将这些报错的信息复制给 AI，让它去判断具体的情况。

问：
你提供的代码运行出现错误，请你根据报错信息修改代码。错误信息如下：

```
Traceback (most recent call last):
  File "C:\Users\Administrator\PycharmProjects\python-word\word 自动化.py", line 39, in <module>
    add_total_compensation_column(directory_path)
  File "C:\Users\Administrator\PycharmProjects\python-word\word 自动化.py", line 16, in add_total_compensation_column
    last_col = sheet.range('A1').end('right').get_address(0, 0).split('$')[1]  # 最后一列字母
               ~~~~~~~~~~~~~~~~~~~~~~~~~~~~~~~~~~~~~~~~~~~~~~~~~~~~~~~~~^^^
IndexError: list index out of range

进程已结束，退出代码为 1
```

文心：

错误 IndexError: list index out of range 表明在尝试访问列表中不存在的索引。在你的脚本中，这个错误是在尝试从 get_address() 返回的地址中分割并获取列字母时发生的。这通常发生在处理的单元格已经是最后一个可能的单元格，或者 end('right') 没有有效地找到末尾列时。

我们可以调整代码来更安全地获取最后一列的字母标识，并确保代码在执行此操作时不会越界。此外，对 xlwings 的使用方式进行一些修改以增加健壮性，确保正确地识别最后一列。

Python

```python
import xlwings as xw
import os

def add_total_compensation_column(directory_path):
    # 遍历目录中的所有 Excel 文件
    for filename in os.listdir(directory_path):
        if filename.endswith('.xlsx'):
            file_path = os.path.join(directory_path, filename)
            app = xw.App(visible=True)
            # 创建 Excel 应用实例，可见模式以便观察
            wb = app.books.open(file_path)

            # 遍历工作簿中的所有工作表
            for sheet in wb.sheets:
```

```python
        # 尝试找到最后使用的列
        try:
            last_cell = sheet.range('A1').end('right')
            last_col = last_cell.get_address(0, 0).split('$')[1]  # 最后一列字母
        except IndexError:
            continue  # 如果无法获取最后一列，则跳过当前工作表

        # 获取数据起始行，默认为第二行开始
        first_data_row = 2
        last_data_row = sheet.range('A' + str(first_data_row)).end('down').row  # 数据的最后一行

        # 添加新列标题
        new_col_letter = xw.utils.next_column(last_col)
        sheet.range(new_col_letter + '1').value = ' 全部薪酬（元） '

        # 设置公式计算除前两列外其他列的和
        for row in range(first_data_row, last_data_row + 1):
            formula_range = f"C{row}:{last_col}{row}"
            sheet.range(new_col_letter + str(row)).formula = f'=SUM({formula_range})'

        # 保存并关闭工作簿
        wb.save()
        wb.close()
        print(f"Updated '{filename}' with total compensation column.")

    app.quit()  # 关闭 Excel 应用实例

# 指定文件夹路径
directory_path = r"D:\work\python-excel\ 函数计算 "
add_total_compensation_column(directory_path)
```

改动说明：
1. 错误处理：添加 try-except 块来处理获取最后一列字母时可能出现的问题。
2. 可见性：设置 xlwings 应用为可见 (visible=True)，这有助于调试和观察 Excel 文件在处理过程中的变化。完成后可改为不可见 (visible=False) 以加快处理速度。
这个脚本应该能够解决你遇到的问题，并安全地为你的 Excel 文件添加计算列。

像这样提问的话，AI 就可以根据错误提示对代码进行一定的修正，一般来说两三次以内就能够解决问题。假如一直没有得到解决，那有可能是我们所调用的库版本存在问题或者是其他的一些原因，这个时候就需要我们手动告诉 AI 更换库模块了。假如不知道要调用哪个库，我们同样可以让 AI 给出建议和介绍，然后参考它的描述来选择。

迭代思想是使用 AI 时的一种最基本的操作逻辑，简单来说，就是一次不行两次，两次不行就三次，每次都建立在对上一次的更新和改进之上，这样 AI 所给出的回答会越来越接近我们的真实需求。

06

PDF 自动化处理

说完了 Word 和 Excel,这一章我们来研究如何用自动化脚本处理 PDF 文件。

6.1 处理 PDF 文件所使用的库文件

除了那些基础的通用库之外,PDF 同样有着很多专有的库模块。这一节我们照例来认识一下有哪些库可以用来操作 PDF。

1. PyPDF2

PyPDF2 库可以在不需要任何外部依赖的前提下读取、修改和写入 PDF 文件,库的功能包括合并多个 PDF 文件成一个,拆分一个 PDF 文件成多个单独的页面,按照指定的角度旋转页面,以及加密和解密 PDF 文件。PyPDF2 还能从 PDF 文件中提取文本内容和元数据,如作者、标题等信息。

```
pip install PyPDF2
```

2. PDFMiner

PDFMiner 是一个专为提取 PDF 文件中的文本、表格和元数据设计的 Python 库,它能够准确地分析文档的布局,识别出各种元素如文本块、表格以及其他内容。PDFMiner 提供了详细的文本分析功能,例如字符、文本框位置等。

PDFMiner 可以将 PDF 文档转换为 Python 的 unicode 字符串,也支持将 PDF 转换为其他格式,如 HTML 或 XML,还可以用于获取文档中的字体信息、路径和图像等。

```
pip install pdfminer.six
```

3. PyMuPDF (fitz)

PyMuPDF(也被称为"fitz")专门用于快速和高效地处理 PDF 文件以及其他文档格式如 EPUB、XPS 和 SVG,这个库最大的特点就是处理速度快以及对文档格式的支持非常广。

像提取文本、图像和元数据，修改页面内容，插入或删除页面，以及添加标记和注释这些功能，通过 PyMuPDF 都是可以实现的。这个库的另一个特点是它可以渲染页面为图像，这使得生成文档预览或将页面转换为其他图像格式变得简单。PyMuPDF 还支持搜索文本、高亮显示和添加链接等功能。

> pip install PyMuPDF

4.ReportLab

ReportLab 用于在 Python 中创建复杂的 PDF 文档，在遇到需要生成精确布局和富文本格式高质量 PDF 报告的场景时，可以优先考虑 ReportLab。它支持各种图形、样式和文本格式，可以高效地处理大量动态内容的生成，是制作商业级报告和图形表现的理想工具。

通过 ReportLab，开发者可以构建从简单的文字文档到包含复杂矢量图形和图表的全面报告，库中包含的功能可以让用户自定义页面布局、样式、字体以及插入图像。ReportLab 还支持条形码、图表和其他复杂图形元素的生成，使其非常适合于需要包含数据可视化的应用场景。

ReportLab 还提供了强大的图表绘制功能。通过其子模块 reportlab.graphics，用户可以创建多种类型的图表，如饼图、条形图、线图等。

> pip install reportlab

5.pdfrw

pdfrw 是一个用于读写 PDF 文件的 Python 库，这是一个轻量级的库，运行效率非常高。pdfrw 无需复杂的配置即可直接编辑 PDF 文档的内容，例如合并、拆分、旋转页面以及添加水印。它的设计目标是尽可能地简洁，同时提供必要的功能来直接操作 PDF 文件。

除了上述功能，pdfrw 还能够读取和修改 PDF 的书签，这对于需要动态调整文档结构的应用程序来说是一个不错的功能。它不依赖于外部应用程序或服务，因此在没有复杂环境的情况下也能轻松集成到现有的 Python 项目中。

```
pip install pdfrw
```

6.tabula-py

tabula-py 是一个专门用于从 PDF 文件中提取表格数据的 Python 库，它是 Java 库 Tabula 的 Python 接口，这就使得它在处理 PDF 文件中的表格信息时非常有效，尤其适合那些需要从各种报告或文档中自动化提取表格数据的应用场景。tabula-py 可以识别 PDF 文档中的表格结构，并将其转换为 DataFrame 或 JSON 格式，方便进行进一步的数据分析或存储。

tabula-py 提供了灵活的表格识别功能，支持设定页面区域，优化提取过程，同时还能确保数据的准确性。该库还支持将 PDF 转换成 CSV、Excel 或其他表格格式，这一点对于需要整理和分析大量 PDF 数据的用户来说非常有帮助。

需要注意的是，tabula-py 依赖于 Java 环境，它的工作原理是通过调用后端的 TabulaJava 库来实现的。因此在安装 tabula-py 之前，需要先在系统内部安装好 Java 的运行环境。

```
pip install tabula-py
```

6.2 拆分 PDF 文件

这一节我们先来实现 PDF 文件的拆分。

需求整理： 图 6-1 是一个标准的 PDF 文件，其中包含了三页的内容。我们需要将这三页拆分开来，每一页都保存为独立的 PDF 文件。

图 6-1 需要拆分的 PDF 文件

> **问：**
> 请使用 Python 编写一段脚本，需求如下：
> 请你将指定路径下所有的 PDF 文件所包含的每一页内容都拆分为独立的 PDF 文件。
> 文件路径：
> D:\work\python-PDF\ 拆分 PDF
>
> **文心：**
> 要将指定路径下所有 PDF 文件的每一页拆分成独立的 PDF 文件，你可以使用 PyPDF2 库来实现。这个库提供了操作 PDF 文件的功能，包括提取页面和保存为新的 PDF 文件。
>
> 下面是一个 Python 脚本，用于将每个 PDF 文件的每一页拆分成单独的 PDF 文件。

```python
import os
from PyPDF2 import PdfReader, PdfWriter

def split_pdf_pages(directory_path):
    # 遍历指定目录下的所有 PDF 文件
    for filename in os.listdir(directory_path):
        if filename.endswith('.pdf'):
            file_path = os.path.join(directory_path, filename)
            # 去掉扩展名, 用于生成新文件的前缀
            file_base_name = os.path.splitext(filename)[0]

            # 读取 PDF 文件
            reader = PdfReader(file_path)
            num_pages = len(reader.pages)

            # 遍历每一页
            for page_number in range(num_pages):
                writer = PdfWriter()
                # 添加当前页到新的 PDF 文档
                writer.add_page(reader.pages[page_number])

                # 输出文件的完整路径
                output_filename = f"{file_base_name}_Page_{page_number + 1}.pdf"
                output_path = os.path.join(directory_path, output_filename)

                # 保存拆分后的 PDF
                with open(output_path, 'wb') as output_pdf:
                    writer.write(output_pdf)

                print(f"Created: {output_path}")

# 指定文件夹路径
directory_path = r"D:\work\python-PDF\ 拆分 PDF"
split_pdf_pages(directory_path)
```

脚本功能解释:
1. 导入模块: 使用 os 来处理文件路径, 使用 PyPDF2 的 PdfReader 和 PdfWriter 来读取和写入 PDF 文件。
2. 定义函数: 函数 split_pdf_pages 接收目录路径。
3. 遍历 PDF 文件: 检查目录中的每个文件, 如果是 PDF 文件, 则进行处理。
4. 读取和拆分 PDF: 使用 PdfReader 打开 PDF 文件, 并通过 PdfWriter 将每一页保存为新的 PDF 文件。
5. 保存拆分的页面: 为每一页生成新的 PDF 文件, 并保存到同一目录下。

> 6. 打印信息：输出每个生成的 PDF 文件的信息，以便于跟踪进度和确认操作。
> 这个脚本能够高效地为目录下的每个 PDF 文件的每一页生成独立的 PDF 文件，适用于需要管理或分发单独页面的场景。

这里我们并没有指定 AI 在生成脚本时所用的库模块，它默认使用了 PyPDF2 库。拆分的结果如图 6-2 所示。

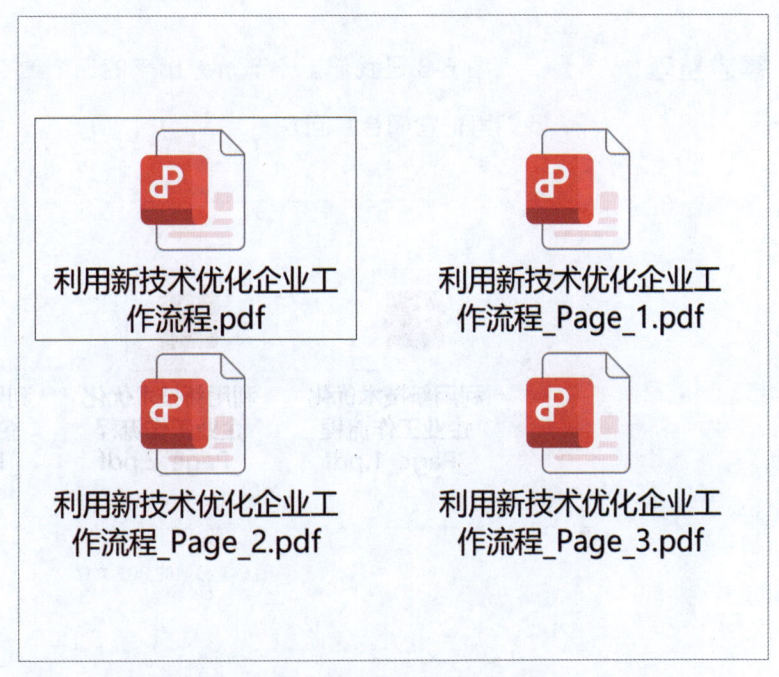

图 6-2 拆分后的 PDF 文件

6.3 合并 PDF 文件

知道了怎么通过提问来拆分 PDF 文件之后，这一节我们尝试着将分散的文件合并成一个 PDF 文件。

需求整理： 图 6-3 是我们上一节拆分出来的三个独立 PDF 文件，现在我们再把它们合并回去。

图 6-3 分散的 PDF 文件

> 问：
>
> 请使用 Python 编写一段脚本，需求如下：
> 请你将指定路径下所有的 PDF 文件合并为一个 PDF 文件。
> 文件路径：
> D:\work\python-PDF\ 合并 PDF
>
> 文心：
>
> 要将指定路径下的所有 PDF 文件合并为一个 PDF 文件，你可以使用 PyPDF2 库来实现。这个库提供了读取和合并 PDF 文件的功能。
>
> 下面是一个 Python 脚本，用于将指定目录下的所有 PDF 文件合并为一个 PDF 文件。

```Python
import os
from PyPDF2 import PdfReader, PdfWriter

def merge_pdfs(directory_path, output_filename):
    writer = PdfWriter()

    # 遍历目录中的所有 PDF 文件
    for filename in sorted(os.listdir(directory_path)):
        if filename.endswith('.pdf'):
            file_path = os.path.join(directory_path, filename)
            reader = PdfReader(file_path)

            # 将当前 PDF 的所有页面添加到 writer 对象
            for page in reader.pages:
                writer.add_page(page)

            print(f"Added '{filename}' to the merged document.")

    # 输出文件的完整路径
    output_path = os.path.join(directory_path, output_filename)
    # 保存合并后的 PDF
    with open(output_path, 'wb') as output_pdf:
        writer.write(output_pdf)

    print(f"Merged PDF saved as '{output_path}'")

# 指定文件夹路径和输出文件名
directory_path = r"D:\work\python-PDF\合并 PDF"
output_filename = "MergedDocument.pdf"
merge_pdfs(directory_path, output_filename)
```

脚本功能解释：
1. 导入模块：使用 os 来处理文件路径，使用 PyPDF2 的 PdfReader 和 PdfWriter 来读取和写入 PDF 文件。
2. 定义函数：函数 merge_pdfs 接收目录路径和输出文件名。
3. 创建 PdfWriter 对象：这个对象将用于汇总所有 PDF 文件的页面。
4. 遍历 PDF 文件：检查目录中的每个文件，如果是 PDF 文件，则打开并将其页面添加到 PdfWriter 对象。
5. 保存合并的 PDF 文件：将所有页面保存到一个新的 PDF 文件中，文件位于指定的目录。
6. 打印信息：输出关于文件添加和合并结果的信息。

这个脚本能够有效地合并指定目录下的所有 PDF 文件到一个文件中，非常适合需要整合多个 PDF 文件的场景。

可以看到 AI 依然选择的是 PyPDF2 库。现有的生成式 AI 具有上下文的记忆功能，在生成回答的时候如果不做特殊的规定，那么 AI 就倾向于沿用之前回答的格式。从整体上来说，这种模式当然是有好处的，但是有些时候也会导致 AI 在惯性的作用下选择一些并不合适的库模块来编写脚本，这一点还是要多注意一下的。运行脚本，结果如图 6-4 所示。

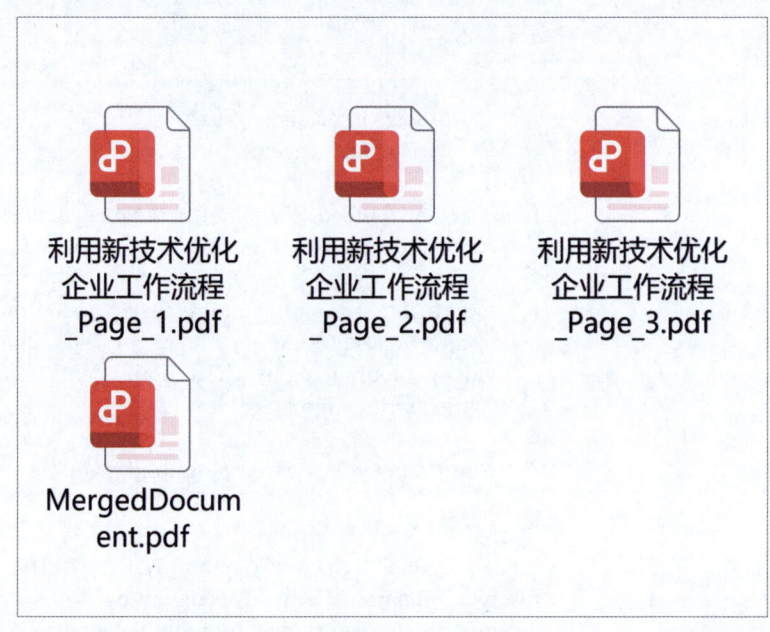

图 6-4 合并后的 PDF 文件

6.4
PDF 文件转图片

有时候我们需要把 PDF 文件转换为图片。

需求整理: 图 6-5 是我们要转制为图片的 PDF 文件，其中的每一页都要转成图片文件单独保存，是否指定图片的格式要看具体的要求。

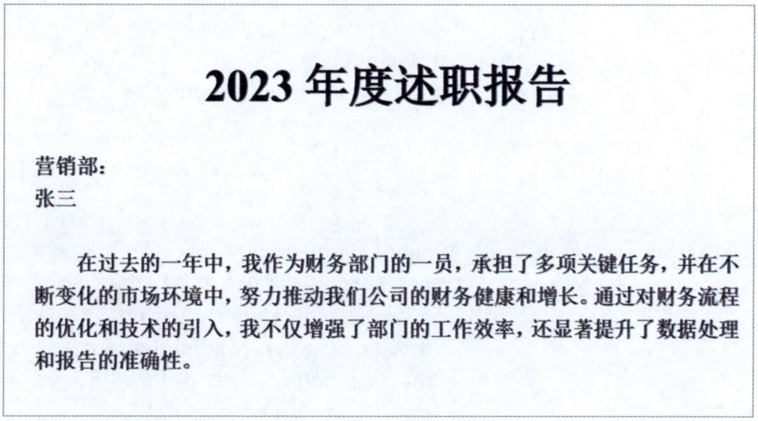

> **2023 年度述职报告**
>
> 营销部:
> 张三
>
>   在过去的一年中，我作为财务部门的一员，承担了多项关键任务，并在不断变化的市场环境中，努力推动我们公司的财务健康和增长。通过对财务流程的优化和技术的引入，我不仅增强了部门的工作效率，还显著提升了数据处理和报告的准确性。

图 6-5 需要转制为图片的 PDF

问:

请使用 Python 编写一段脚本，需求如下:

请你将指定路径下所有的 PDF 文件所包含的每一页全部转换为独立的图片。

文件路径:

D:\work\python-PDF\PDF 转图片

文心:

要将指定路径下所有 PDF 文件的每一页转换为独立的图片，我们可以使用 pdf2image 库，它提供了从 PDF 到图片的转换功能。这个库实际上是基于 poppler 的，因此你需要确保你的系统上安装了 poppler 工具。

以下是一个 Python 脚本，用于将每个 PDF 文件的每一页转换成图片。

06　PDF 自动化处理

```python
import os
from pdf2image import convert_from_path

def convert_pdfs_to_images(directory_path):
    # 设置 poppler 的路径，根据你的 poppler 安装路径进行修改
    poppler_path = r'C:\path\to\poppler\bin'
    # 修改为你的 poppler bin 文件夹的路径

    # 遍历目录中的所有 PDF 文件
    for filename in os.listdir(directory_path):
        if filename.endswith('.pdf'):
            file_path = os.path.join(directory_path, filename)
            # 从 PDF 文件名创建输出目录
            output_folder = os.path.join(directory_path, os.path.splitext(filename)[0])
            if not os.path.exists(output_folder):
                os.makedirs(output_folder)

            # 转换 PDF 到图片
            images = convert_from_path(file_path, poppler_path=poppler_path)
            # 保存每一页为图片
            for i, image in enumerate(images):
                image_path = os.path.join(output_folder, f'page_{i + 1}.png')
                image.save(image_path, 'PNG')
                print(f"Saved '{image_path}'")

    print("Conversion completed.")

# 指定文件夹路径
directory_path = r"D:\work\python-PDF\PDF 转图片 "
convert_pdfs_to_images(directory_path)
```

脚本功能解释：
1. 导入模块：使用 os 来处理文件路径，使用 pdf2image 的 convert_from_path 函数进行 PDF 到图片的转换。
2. 定义函数：函数 convert_pdfs_to_images 接收 PDF 文件所在的目录路径。
3. 设置 poppler 路径：指定 poppler 的路径，这是必需的，因为 pdf2image 依赖于 poppler。
4. 遍历 PDF 文件：检查目录中的每个文件，如果是 PDF 文件，则进行处理。
5. 创建输出目录：为每个 PDF 文件创建一个以文件名命名的目录，用于存储转换后的图片。
6. 转换和保存图片：将 PDF 文件的每一页转换为图片并保存到上面创建的目录中，每页一个文件。

> 7. 打印完成信息：每保存一张图片后打印保存路径，整个转换完成后打印完成信息。
> 确保 poppler 的路径正确无误，这对于 pdf2image 的功能至关重要。如果你的系统是 Windows，你可能需要从 poppler for Windows 获取 poppler 的 Windows 版本，并设置正确的路径。

在一开始的时候其实出现了我们上一节所说的那个问题，AI 所引用的库并不能实现把 PDF 文件转换为图片的功能。在建立一个新话题进行问答之后，AI 才给出了现在的回答。这里还需要注意下面这个语句：

```
# 设置 poppler 的路径，根据你的 poppler 安装路径进行修改
poppler_path = r'C:\path\to\poppler\bin'
```

输出结果中提到了一个叫作 poppler 的东西，什么是 poppler 呢？它是一个用于渲染 PDF 文件的开源库，基于另一个名为 Xpdf 的 PDF 查看器项目。poppler 的主要用途是为应用程序提供 PDF 文件处理能力，如查看、打印或转换为其他格式。如果我们想要使用 pdf2image 库将 PDF 文件转换为图片，就必须用到 poppler，而且它的安装方式比较特殊。

使用关键字"poppler for Windows"从网络上寻找相关的下载资源，比较稳妥的渠道是从 GitHub 上下载。下载之后解压缩到一个合适的位置，并复制其中 bin 文件夹的路径。本书选择的路径如下：

E:\Program Files\poppler-24.07.0\Library\bin

点击"开始"菜单按钮右侧的"搜索"，在文本框中输入"编辑系统环境变量"，找到后打开相应的设置界面（图 6-6）。

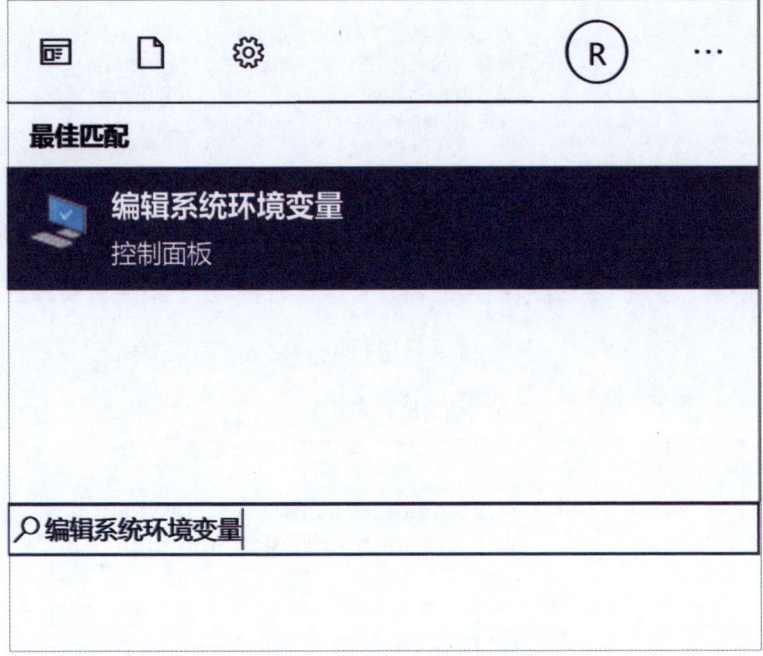

图 6-6 搜索"编辑系统环境变量"

在弹出的"系统属性"界面，点击进入右下方的"环境变量"设置，在设置面板的上方找到变量名"Path"，点击"编辑"（图 6-7）。

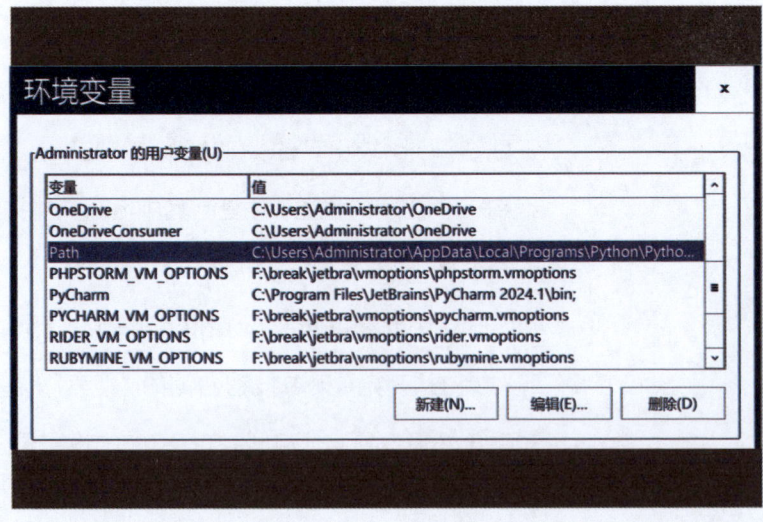

图 6-7 定位 Path 项

在编辑页面点击"新建",随后将 bin 文件夹的路径粘贴进去,点击"确定"保存修改结果(图 6-8)。

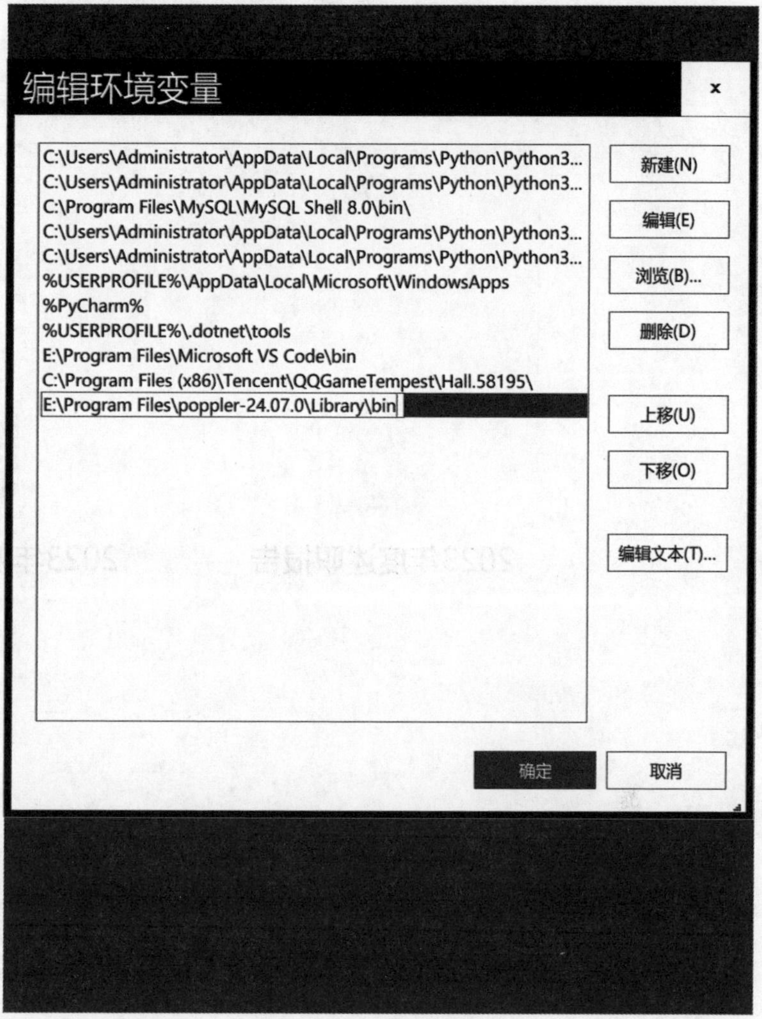

图 6-8 添加路径

如果缺少这一步,或者路径填写错误,程序就会报错。那么将 bin 文件夹路径添加到系统环境变量 PATH 中到底起什么作用呢?

poppler 的 bin 目录包含了多个可执行文件,这些文件提供了各种处理 PDF 文件的命令行工具(如 pdftocairo、 pdftohtml、pdftoppm 等）。将此目录添加到系统环境变量 PATH 中，使得这些工具可以在命令行中被直接调用。

现在将代码复制到本地的编译环境中，替换 poppler 的路径，运行这段脚本。结果是在指定路径下生成了两张 PNG 文件（图 6-9）。

图 6-9 脚本运行的结果

6.5 图片转 PDF 文件

这一节把前面内容的顺序倒过来,将图片文件批量转换为 PDF 文件。图 6-10 是我们准备好的一些图片文件,格式为 PNG。

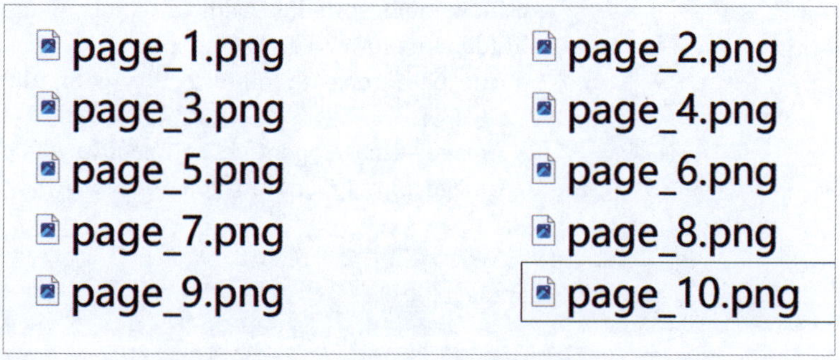

- page_1.png
- page_2.png
- page_3.png
- page_4.png
- page_5.png
- page_6.png
- page_7.png
- page_8.png
- page_9.png
- page_10.png

图 6-10 图片文件

需求整理: 我们需要将这些图片文件全都转换为 PDF 格式,并且要集成在一个文件内。页码就按照我们的命名进行排序。

问:

请使用 Python 编写一段脚本,需求如下:

请你将指定路径下所有 PNG 图片文件全部转换并生成一个 PDF 文件。

文件路径:

D:\work\python-PDF\ 图片转 PDF\ 示例

文心:

要将指定路径下的所有 PNG 图片文件转换为一个 PDF 文件,可以使用 Pillow 库(PIL 的一个分支)来实现。这个库提供了处理图像的功能,包括从图像到 PDF 的转换。

首先，请确保已经安装了 Pillow 库。如果未安装，就可以通过运行 pip install Pillow 来安装。

下面是一个 Python 脚本，用于将指定目录下的所有 PNG 图片文件转换并生成一个 PDF 文件。

```Python
from PIL import Image
import os

def images_to_pdf(directory_path, output_filename):
    image_files = []  # 用于存储图片对象的列表
    # 遍历指定目录中的所有文件
    for filename in sorted(os.listdir(directory_path)):
        if filename.lower().endswith('.png'):
            file_path = os.path.join(directory_path, filename)
            # 打开图片并转换为 RGB，确保格式一致
            image = Image.open(file_path).convert('RGB')
            image_files.append(image)
    
    # 检查是否有图片要转换
    if image_files:
        # 第一张图片用来创建 PDF
        first_image = image_files[0]
        # 其余的图片追加到 PDF 中
        rest_images = image_files[1:]
        # 保存图片为 PDF 文件
        output_path = os.path.join(directory_path, output_filename)
        first_image.save(output_path, save_all=True, append_images=rest_images)
        print(f"Created PDF: {output_path}")
    else:
        print("No PNG files found to convert.")

# 指定文件夹路径和输出文件名
directory_path = r"D:\work\python-PDF\图片转PDF\示例"
output_filename = "ConvertedImages.pdf"
images_to_pdf(directory_path, output_filename)
```

脚本功能解释：
1. 导入模块：使用 Pillow (PIL) 的 Image 类处理图像，使用 os 来操作文件路径。
2. 定义函数：函数 images_to_pdf 接收图片文件所在的目录路径和输出的 PDF 文件名。

3. 读取图片文件：遍历指定目录，将每个 PNG 图片文件加载为 Pillow 图像对象，并转换为 RGB 模式。
4. 生成 PDF 文件：使用列表中的第一张图片创建 PDF 文件，其余图片追加到此 PDF 文件中。
5. 保存 PDF 文件：保存最终的 PDF 文件到指定的输出路径。
这个脚本可以高效地将一个文件夹内的所有 PNG 图片转换成一个 PDF 文件，适用于需要归档或整理大量图片的场景。

完成后运行脚本，结果如图 6-11 所示。

图 6-11 转换合并后的 PDF 文件

6.6 提取 PDF 中的图片

现在有一个 PDF 文件,我们需要将其中的图片提取出来并单独存储(图 6-12)。

图 6-12 PDF 文件中的图片

需求整理: 这里我们只给出最基本的需求描述,一是提取文件中的图片,二是提取之后的存储格式。如果在工作场景中有更加具体的要求,就将这些要求转化为精准的需求描述输入即可。

> 问:
> 请使用 Python 编写一段脚本,需求如下:
> 请你将指定路径下 PDF 文件中的图片进行提取并单独保存,保存格式为 PNG 格式。
> 文件路径:
> D:\work\python-PDF\提取 PDF 中的图片
>
> 文心:
> 要从 PDF 文件中提取图片并保存为 PNG 格式,可以使用 pdf2image 库,该库可以将 PDF 页面转换为图片,并从中提取嵌入的图像。同时,我们

可以使用 PyMuPDF（前名 fitz），这是一个功能强大的库，可以直接访问 PDF 的内容和结构，包括嵌入的图像。

首先，请确保你已经安装了 PyMuPDF 库。如果未安装，那么可以通过运行 pip install PyMuPDF 来安装。

下面是一个 Python 脚本，用于从指定路径下的 PDF 文件中提取所有嵌入的图片，并将它们保存为 PNG 格式。

```Python
import fitz  # PyMuPDF
import os

def extract_images_from_pdf(directory_path):
    # 遍历指定目录下的所有 PDF 文件
    for filename in os.listdir(directory_path):
        if filename.lower().endswith('.pdf'):
            file_path = os.path.join(directory_path, filename)
            doc = fitz.open(file_path)  # 打开 PDF 文件

            image_count = 0  # 计数器，用于命名图片
            # 遍历每一页
            for i in range(len(doc)):
                # 提取页面中的图片
                for img_index, img in enumerate(doc.get_page_images(i)):
                    xref = img[0]  # 图片的 xref 号
                    base_image = doc.extract_image(xref)
                    # 提取图片
                    image_bytes = base_image["image"]
                    # 图片的字节数据
                    # 将图片数据写入 PNG 文件
                    image_filename = f"{os.path.splitext(filename)[0]}_page_{i+1}_img_{img_index}.png"
                    image_path = os.path.join(directory_path, image_filename)
                    with open(image_path, 'wb') as img_file:
                        img_file.write(image_bytes)
                    print(f"Saved image to {image_path}")
                    image_count += 1

            print(f"Extracted {image_count} images from {filename}.")
            doc.close()  # 关闭文档

# 指定文件夹路径
directory_path = r"D:\work\python-PDF\提取 PDF 中的图片"
extract_images_from_pdf(directory_path)
```

脚本功能解释：
1. 导入 fitz (PyMuPDF)：使用此库来操作 PDF 文件。
2. 定义函数：函数 extract_images_from_pdf 接收存放 PDF 文件的目录路径。
3. 遍历 PDF 文件：检查目录中的每个文件，如果是 PDF 文件，则进行处理。
4. 提取并保存图片：
- 使用 fitz 打开 PDF 文件，遍历每一页。
- 调用 get_page_images() 来获取页面中所有图片的引用。
- 使用 extract_image() 根据图片的引用提取图片数据。
- 将提取的图片数据保存为 PNG 文件。
5. 打印信息：为每张提取的图片打印保存路径，并统计每个 PDF 文件中提取的图片数量。

该脚本能够有效地从每个 PDF 文件中提取所有嵌入的图像，并将它们保存为 PNG 格式，适用于需要从多个 PDF 文件中获取图像数据的场景。

运行脚本，输出结果如图 6-13 所示。

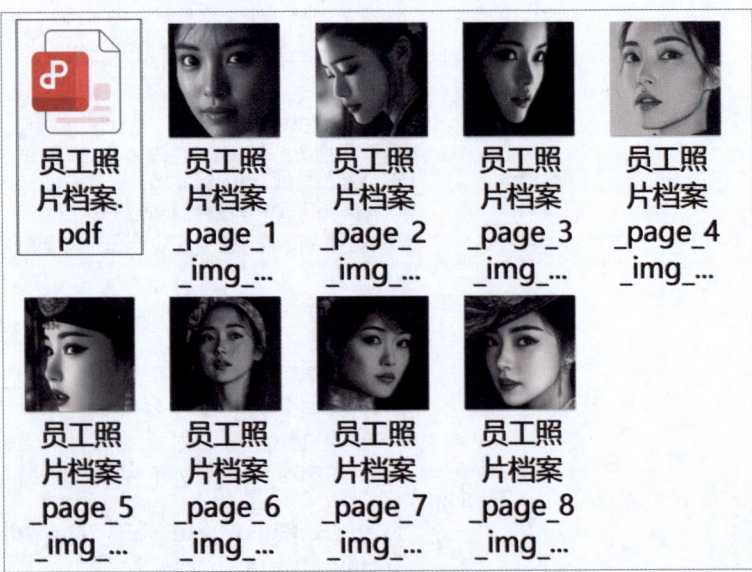

图 6-13 独立保存后的图片文件

6.7 将 PDF 文件转换为 Word 文档

在 Word 文档的自动化处理部分，我们尝试过将 Word 文档批量转换为 PDF 格式，那么这一节我们将 PDF 文件转换为 Word 文档进行保存。

需求整理： 图 6-14 是三个需要转换的 PDF 文件，我们的需求就是将这三个文件全部变为 Word 文档。

图 6-14 需要转换的 PDF 文件

> **问：**
> 请使用 Python 编写一段脚本，需求如下：
> 请你将指定路径下所有的 PDF 文件全部转换为 Word 文档。使用 pdf2docx 库实现。
> 文件路径：
> D:\work\python-PDF\PDF 转为 Word
> **文心：**
> 要将指定路径下的所有 PDF 文件转换为 Word 文档，可以使用 pdf2docx 库。这个库专门用于将 PDF 文件转换成 DOCX 格式。
> 首先，请确保你已经安装了 pdf2docx 库。如果未安装，那么可以通过运行 pip install pdf2docx 来安装。
> 下面是一个 Python 脚本，用于将指定目录下的所有 PDF 文件转换为 Word 文档。

06　PDF 自动化处理

```Python
from pdf2docx import Converter
import os

def convert_pdf_to_word(directory_path):
    # 遍历指定目录下的所有 PDF 文件
    for filename in os.listdir(directory_path):
        if filename.lower().endswith('.pdf'):
            pdf_file_path = os.path.join(directory_path, filename)
            docx_filename = os.path.splitext(filename)[0] + ".docx"
            docx_file_path = os.path.join(directory_path, docx_filename)

            # 创建转换器并转换 PDF 到 Word
            cv = Converter(pdf_file_path)
            cv.convert(docx_file_path, start=0, end=None)
            cv.close()

            print(f"Converted '{pdf_file_path}' to '{docx_file_path}'.")

# 指定文件夹路径
directory_path = r"D:\work\python-PDF\PDF 转为 Word"
convert_pdf_to_word(directory_path)
```

脚本功能解释：
1. 导入 Converter 类：从 pdf2docx 库中导入 Converter 类，该类负责 PDF 到 Word 的转换。
2. 定义函数：函数 convert_pdf_to_word 接收存放 PDF 文件的目录路径。
3. 遍历 PDF 文件：检查目录中的每个文件，如果是 PDF 文件，则进行处理。
4. PDF 到 Word 的转换：
- 使用 Converter 对象打开 PDF 文件。
- 调用 convert() 方法进行转换，其中参数 start=0 和 end=None 表示转换整个文档。
- 使用 close() 方法关闭转换器。
5. 保存 Word 文档：将转换后的 Word 文档保存到同一目录下，文件名与原 PDF 文件相同，但扩展名为 .docx。
6. 打印信息：为每个转换的文件打印完成信息。
这个脚本能够有效地将目录中的每个 PDF 文件转换为 Word 文档，非常适合批量处理文件转换任务。

运行脚本，生成结果如图 6-15 所示。

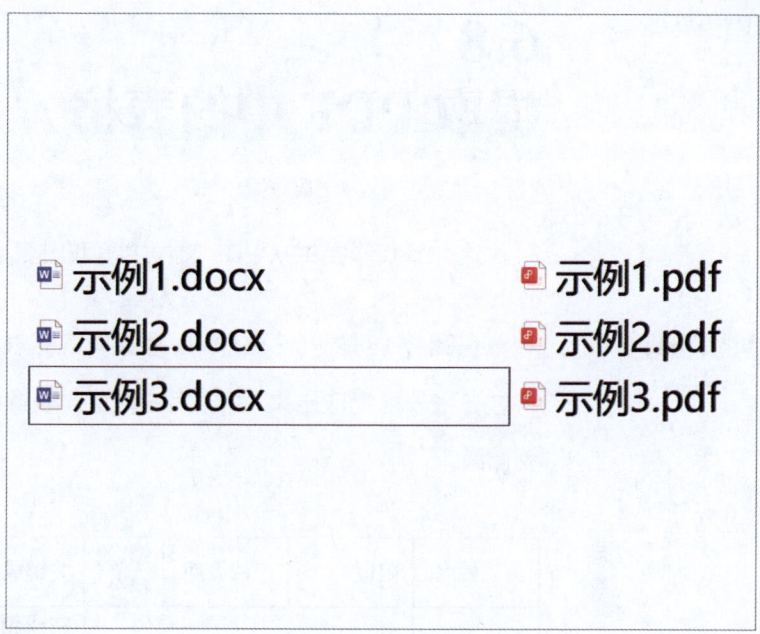

图 6-15 转换后的 Word 文档

在这个例子中，我们指定了 AI 使用的库模块，这是为了提高 AI 的生成效率。有一些库模块针对特定的功能会有更好的表现，如果不熟悉，那么也可以让 AI 自己选择，然后再根据生成结果进行调整。

6.8 提取 PDF 中的表格

这一节我们尝试从 PDF 文件中提取出表格。

需求整理： 在图 6-16 的 PDF 文件中，总共有三张表格，现在我们需要将这三张表格提取出来，并作为三张工作表存储在同一个工作簿文件内。

员工姓名	职位	评估周期	绩效得分	关键成果	建议与改进措施
王明	销售经理	2023 年第二季度	85	完成销售目标的 120%，新开发 3 个重要客户	提高团队协作，参加领导力培训
李华	市场分析师	2023 年第二季度	90	成功实施市场调研，增加了 10% 的市场洞察	继续提升数据分析能力
张伟	IT 支持	2023 年第二季度	78	优化了公司内部网络，减少了 30% 的故障率	加强最新 IT 技术的学习和应用

图 6-16 需要提取表格的 PDF 文件

> **问：**
> 请使用 Python 编写一段脚本，需求如下：
> 请你提取出指定路径下 PDF 文件中所包含的表格，并保存为 Excel 工作簿文件。使用 tablua 库及 JRE（Java 运行环境）实现。
>
> 文件路径：
> D:\work\python-PDF\ 提取表格

文心：

要从 PDF 文件中提取表格并将它们保存为 Excel 文件，我们可以使用 tabula-py 库，这是一个基于 tabula（依赖 Java 运行环境）的 Python 包。tabula 可以有效地从 PDF 文档中提取表格数据。

首先，请确保已经安装了 tabula-py 库。如果未安装，那么可以通过运行 pip install tabula-py 来安装。此外，你需要确保 Java 运行环境（JRE）已安装在你的机器上，因为 tabula 依赖于 Java 运行环境。

下面是一个 Python 脚本，用于提取指定路径下的 PDF 文件中的表格，并将它们保存为 Excel 文件。

```Python
import os
import tabula
import pandas as pd

def extract_tables_to_excel(pdf_file_path):
    """
    提取指定 PDF 文件中的表格并保存为 Excel 文件。

    参数:
    pdf_file_path: str - PDF 文件的完整路径。
    """
    # 将 PDF 文件名替换为 .xlsx 后缀, 为输出文件生成路径
    dest_file = pdf_file_path.replace('.pdf', '.xlsx')

    # 尝试从 PDF 读取表格数据
    try:
        dfs = tabula.read_pdf(pdf_file_path, pages='all', multiple_tables=True)
    except Exception as e:
        print(f"Failed to read tables from {pdf_file_path}: {e}")
        return

    # 检查是否成功提取到表格
    if not dfs:
        print(f"No tables found in {pdf_file_path}")
        return

    # 使用 pandas 的 ExcelWriter 将所有表格写入一个 Excel 文件
    with pd.ExcelWriter(dest_file) as writer:
        for i, df in enumerate(dfs):
            if df.empty:
                continue
```

```python
        # 将每个表格保存为一个单独的工作表
        df.to_excel(writer, index=False, sheet_name=f'Table{i+1}')
        print(f"Table {i+1} written to sheet in {dest_file}")

    print(f"All tables have been extracted and saved to {dest_file}")

def process_all_pdfs(directory_path):
    """
    遍历指定目录，处理所有 PDF 文件，提取表格并保存为 Excel。

    参数：
    directory_path: str - 包含 PDF 文件的目录的路径。
    """
    # 遍历目录中的所有 PDF 文件
    for filename in os.listdir(directory_path):
        if filename.lower().endswith('.pdf'):
            pdf_file_path = os.path.join(directory_path, filename)
            print(f"Processing {pdf_file_path}...")
            extract_tables_to_excel(pdf_file_path)

# 设定文件夹路径
directory_path = r"D:\work\python-PDF\ 提取表格 "
process_all_pdfs(directory_path)
```

脚本功能解释：
1. 导入模块：使用 tabula 来提取 PDF 中的表格数据，pandas 用于数据处理及文件格式的转换，使得数据可以被更容易地保存和修改。
2. 定义处理单个 PDF 文件的函数：函数 extract_tables_to_excel 负责打开单个 PDF 文件，从中提取所有表格，并将它们保存到 Excel 文件中。此函数处理从 PDF 到 Excel 的整个流程，确保数据格式的正确性。
3. 定义处理目录中所有 PDF 文件的函数：函数 process_all_pdfs 遍历给定目录中的所有文件，对每个 PDF 文件调用函数 extract_tables_to_excel。此步骤确保目录中的每个 PDF 文件都被处理。
4. 提取表格并检查内容：在提取表格后，检查是否成功提取到表格数据（即 DataFrame 列表不为空），并对每个 DataFrame 进行处理，如果 DataFrame 为空则跳过，保证不会写入空数据到 Excel 文件。
5. 保存表格到 Excel：使用 pandas.ExcelWriter 来管理 Excel 文件的写入过程。这样可以将多个表格存储在单一的 Excel 文件的不同工作表中，便于管理和访问。
6. 打印反馈信息：为用户提供详细的进度反馈，包括正在处理的文件信息、每个表格的保存状态及任何可能的错误信息。
7. 异常处理和反馈：对整个过程中可能出现的错误进行捕获和处理，向用户提供错误信息，帮助诊断问题。
此脚本有效地将指定目录下的 PDF 文件中的表格数据提取出来，并将每个表格保存为独立的 Excel 工作表，整合到单一的 Excel 文件中，极大地方便了数据的后续使用和分析。

在 AI 编写代码的时候，我们故意引入了 tablua 库，也是为了借这个例子来讲一下 Java 本地运行环境的安装。JRE，也就是 Java 的运行环境。tabula-py 库实际上是基于 Tabula-Java 的封装，这就是为什么需要 Java 环境来运行相关的 PDF 处理功能。

Tabula-Java 库是用 Java 编写的，并提供了命令行工具以及 API 接口，用于分析 PDF 文档并识别其中的表格结构。而 tabula-py 是一个 Python 包，它通过调用 Tabula-Java 的命令行工具来实现其功能。因此，虽然 Python 代码本身并不需要 Java 语言编写，但是它仍然依赖于 Java 环境来执行底层的 PDF 处理任务。

JRE 的安装是比较简单的。进入 Oracle 的官方网站，在网站顶部的导航栏中点击"资源"，在下拉菜单中选择"Java Runtime Environment（JRE）使用者下载"（图 6-17）。

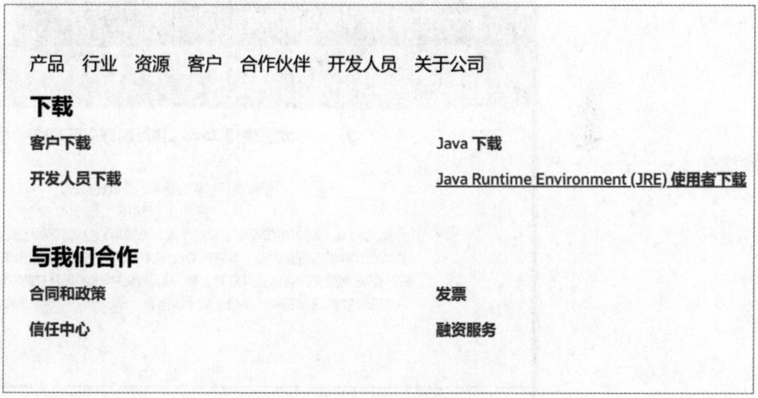

图 6-17 Oracle 官网下载 JRE

在弹出的新页面中，找到"Download Java"按钮，点击后即可进入软件的下载界面（图 6-18）。

06 PDF 自动化处理

> **Download Java**
>
> By downloading Java you acknowledge that you have read and accepted the terms of the Oracle Technology Network License Agreement for Oracle Java SE

图 6-18 JRE 下载界面

下载完成后，双击安装文件，进入如图 6-19 所示的安装界面。点击安装，按照安装向导的指示进行安装。

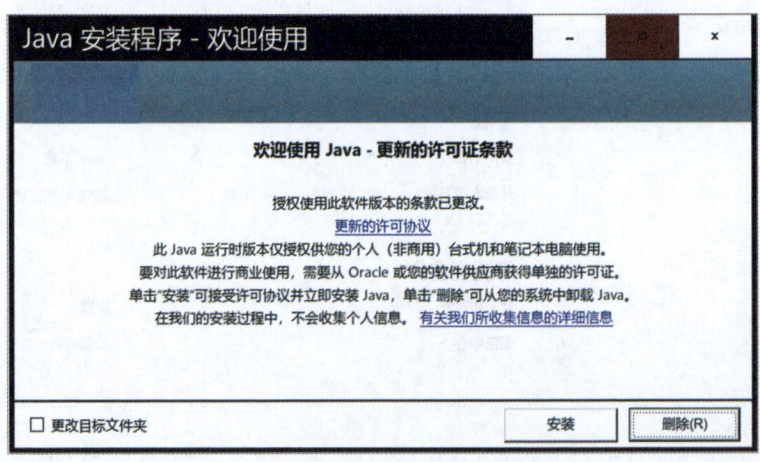

图 6-19 JRE 安装界面

安装完成后，打开命令提示符窗口（按下"Win+R"组合键打开运行窗口，输入"cmd"并按下回车），输入"java-version"，如果系统返回 Java 的版本信息，则表示安装成功（图 6-20）。

```
Microsoft Windows [版本 10.0.19045.5247]
(c) Microsoft Corporation。保留所有权利。

C:\Users\Administrator>java -version
java version "23.0.1" 2024-10-15
Java(TM) SE Runtime Environment (build 23.0.1+11-39)
Java HotSpot(TM) 64-Bit Server VM (build 23.0.1+11-39, mixed mode, sharing)

C:\Users\Administrator>
```

图 6-20 安装成功

接下来我们还需要解决编译环境内部 JPype 的依赖问题。JPype 是一个允许 Python 代码直接调用 Java 类库的工具，使用以下命令安装 JPype：

```
pip install JPype1
```

这些工具都搞定以后,将脚本代码复制到本地的编译环境中,运行结果如图 6-21 所示。

	A	B	C	D	E
1	员工姓名	职位	评估周期	绩效得分	关键成果
2	王明	销售经理	2023 年第二季度	85	完成销售目标的 120%，新开发 3 个重要客户
3	李华	市场分析师	2023 年第二季度	90	成功实施市场调研，增加了10%的市场洞察
4	张伟	IT 支持	2023 年第二季度	78	优化了公司内部网络，减少了 30%的故障率
5					
6					
7					
8					

图 6-21 生成结果

07

电子邮件与自动化脚本

在平日的办公场景中，除了处理各式各样的文档，我们还会遇到很多其他类型的办公对象。只要是在电脑端操作的任务，我们都可以想办法用自动化脚本来减轻自己的工作负担。

收发电子邮件是一项重复性非常大的工作，很多公司团队内部及跨部门的交流、汇报工作进度和项目跟进状态都是通过邮件来实现的。本章就用自动化脚本来解决邮件处理的相关问题。

7.1 常用邮件协议与库文件的引用

不同于本地硬盘中的文档文件，邮件是保存在服务器上的，我们与服务器之间还隔着互联网，这就让邮件处理的难度上升了一个台阶，所以我们需要一种特殊的方式来收发和管理邮件。

邮件协议就像是一套邮递员和邮局之间的规则，这套规则告诉他们如何收集、分发和存储信件。在电子邮件的世界里，有几种不同的邮件协议，这些邮递员所遵循的是不一样的规则。

1. SMTP 协议

SMTP（Simple Mail Transfer Protocol，简单邮件传输协议）是负责发送邮件的协议，它就像邮局的寄信窗口，当我们在邮件客户端（比如 Gmail、Outlook）点击"发送"按钮时，SMTP 会将邮件打包好，带上收件人的地址，然后把它送到收件人的邮件服务器。如果要发的邮件地址有问题，那么 SMTP 会通知你邮件发送失败。SMTP 只能发送邮件，它只负责将邮件从你的服务器送到别人的服务器，不负责从服务器上把邮件取下来。

2. POP3 协议

POP3（Post Office Protocol 3，邮局协议第 3 版）是用于接收邮件的协议。POP3 就像家里的信箱，当我们使用 POP3 检查邮件时，它会把所有新邮件从服务器下载到设备上，就像从信箱里取出所有的信。默认情况下，POP3 会在下载后删除服务器上的邮件，就像你取走信后信箱就空了一样。

3. IMAP 协议

IMAP（Internet Message Access Protocol，互联网消息访问协议）同样是一个接收邮件的协议，但工作方式和 POP3

不同，它不搬运邮件，而是直接在服务器上查看和管理邮件。

当我们使用 IMAP 时，邮件仍然会保存在服务器上，本地的设备只是读取和显示邮件的内容。当我们在一台设备上阅读、删除或标记邮件时，其他设备上的邮件状态也会同步更新。比如在手机上标记了一封邮件为"已读"，在电脑上也会显示已经读过这封邮件。

在 Python 中，我们可以通过调用 smtplib 库、poplib 库和 imaplib 库来分别对这三种协议进行操作。这些库是 Python 内置的库，使用的时候不需要进行额外的安装。这些内容了解一下就可以了，在编写脚本的时候 AI 会帮我们选择合适的库进行操作，真正需要我们动手的是打开邮件服务器端的使用权限，不然我们没有办法通过脚本来管理邮件。

每家邮件服务器的设置方法整体上都大差不差，下面我们就以某易的邮箱为例来进行设置。进入自己的邮箱，在设置选项卡中找到"POP3/SMTP/IMAP"这一项，点击进入次级页面（图 7-1）。

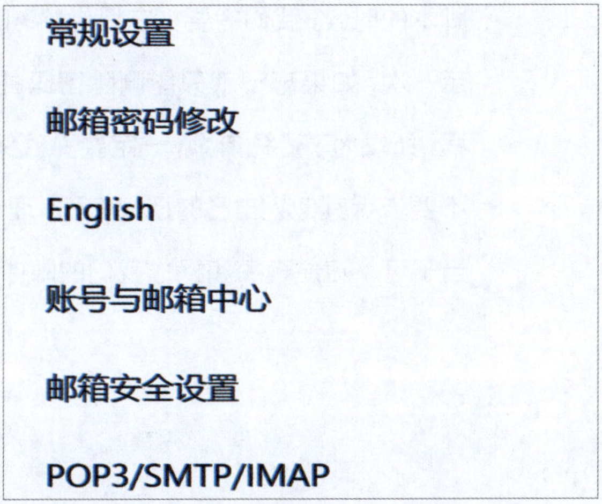

图 7-1 进入权限设置

07 电子邮件与自动化脚本

在页面中找到"开启服务"这一项，把其中的 IMAP/SMTP 服务和 POP3/SMTP 服务这两项全部设置为开启（图 7-2）。

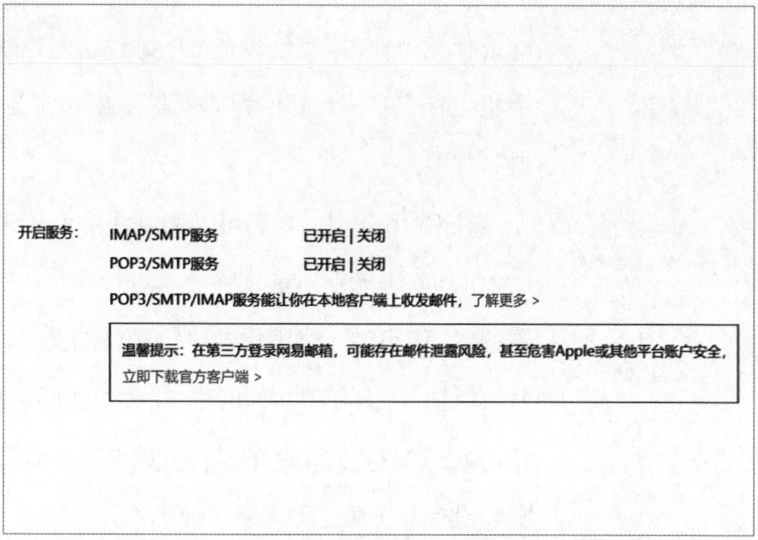

```
开启服务：   IMAP/SMTP服务          已开启 | 关闭
            POP3/SMTP服务          已开启 | 关闭
            POP3/SMTP/IMAP服务能让你在本地客户端上收发邮件，了解更多 >

            温馨提示：在第三方登录网易邮箱，可能存在邮件泄露风险，甚至危害Apple或其他平台账户安全，
            立即下载官方客户端 >
```

图 7-2 开启相应的服务

之后服务器会让我们进行一系列的验证，每种邮箱的验证方法都会有所不同，我们跟随指引进行操作就可以了。验证成功以后，系统会提供给我们一组授权密码（图 7-3），在编写自动化脚本的时候，我们需要把它提供给 AI。密码只会在创建的时候显示一次，如果忘记就只能删除密码并重新走一遍申请和验证流程，所以为了避免麻烦，一定要妥善保管自己的密码。此外，一定不要告诉其他人自己的授权密码，理论上来说，知晓了密码就相当于可以随便窥探和操作我们的邮件，这非常不安全。

授权密码管理：	授权码是用于登录第三方邮件客户端的专用密码。

通用授权码

适用于登录以下服务：您开启的服务（例如POP3/IMAP/SMTP）、Exchange/CardDAV/CalDAV服务。

使用设备	启用时间	操作
所有设备	2024.6.3	删除
Python	2024.9.14	删除

新增授权密码　每个账号最多设置2个授权密码，开通邮箱会员后可设置10个

图 7-3 保管自己的授权密码

完成了服务的开启之后，我们还需要记录图 7-4 中的这组服务器地址，AI 在编写邮件脚本的时候会用到这组地址。

服务器地址： POP3服务器: pop.163.com

SMTP服务器: smtp.163.com

IMAP服务器: imap.163.com

安全支持： POP3/SMTP/IMAP服务全部支持SSL连接

图 7-4 服务器地址

7.2 使用脚本发送邮件

先来试着让 AI 编写脚本发送一封完整的邮件。

需求整理： 想要让脚本发送邮件，以下三个信息必须提供给 AI：

(1) 发件人与收件人的邮箱地址。

(2) 邮箱服务器地址。

(3) 授权密码。

这几项是最基本的项目，每一个脚本都必须包含这些信息。除此之外我们再附加一个文件作为附件。把需求整理成简练的语言输入 AI。下面的例子中隐去了真实的个人信息，在提问的时候我们把这些信息加入进去就可以了。

> **问：**
>
> 请使用 Python 编写一段脚本，需求如下：
> 发送一封邮件到指定地址，邮件标题为"测试邮件"，并附带指定路径下的文件作为附件。邮件内容：
> "
> 你好：
> 这是一封测试邮件
> "
> 附件存储路径：
> D:\work\python- 邮件 \ 测试附件 .docx
> 发件人地址：
> XXXXXXXXXX@XXX.com
> 收件人地址：
> XXXXXXXXXX@XXX.com

授权密码：

XXXXXXXXXXXXXXXXXXX

邮箱服务器地址：

POP3 服务器：pop.163.com

SMTP 服务器：smtp.163.com

IMAP 服务器：imap.163.com

文心：

要使用 Python 发送一封带有附件的邮件，你可以使用 smtplib 和 email 库来完成这项任务。下面是一段脚本，实现了你的需求，包括设置邮件正文、添加附件，并通过 SMTP 服务器发送邮件。

首先，请确保已安装所需的库，如果未安装，那么可以通过 pip install secure-smtplib 安装。这里使用了 163 邮箱的 SMTP 服务器进行发送。

```Python
import smtplib
from email.mime.multipart import MIMEMultipart
from email.mime.text import MIMEText
from email.mime.application import MIMEApplication
from os.path import basename

def send_email_with_attachment(smtp_host, smtp_port, sender_email, receiver_email, password, subject, body, attachment_path):
    # 创建 MIME 多部分消息对象
    msg = MIMEMultipart()
    msg['From'] = sender_email
    msg['To'] = receiver_email
    msg['Subject'] = subject

    # 邮件正文
    msg.attach(MIMEText(body, 'plain'))

    # 添加附件
    with open(attachment_path, "rb") as file:
        part = MIMEApplication(
            file.read(),
            Name=basename(attachment_path)
        )

    # After the file is closed
    part['Content-Disposition'] = f'attachment; filename="{basename(attachment_path)}"'
    msg.attach(part)
```

```
# 连接到 SMTP 服务器并发送邮件
server = smtplib.SMTP_SSL(smtp_host, smtp_port)
server.login(sender_email, password)
server.send_message(msg)
server.quit()
print(" 邮件发送成功！ ")

# SMTP 服务器配置
smtp_host = 'smtp.163.com'
smtp_port = 465
sender_email = " XXXXXXXXXXX@XXX.com"
receiver_email = " XXXXXXXXXXX@XXX.com"
password = " XXXXXXXXXXXXXXX"
subject = " 测试邮件 "
body = " 你好： \n 这是一封测试邮件 "
attachment_path = r"D:\work\python- 邮件 \ 测试附件 .docx"

send_email_with_attachment(smtp_host, smtp_port, sender_email,
receiver_email, password, subject, body, attachment_path)
```

脚本功能解释：
1. 导入必要的模块：使用 smtplib 发送邮件，使用 email.mime 创建邮件内容。
2. 构建邮件内容：使用 MIMEMultipart 创建一个消息对象，可以包含多个部分（正文、附件）。
3. 添加邮件正文：使用 MIMEText 添加文本内容。
4. 添加附件：打开指定的文件，读取内容后添加为 MIMEApplication，并设置附件的文件名。
5. 配置 SMTP 连接：使用 SSL 连接到指定的 SMTP 服务器，登录并发送邮件。
6. 邮件发送：通过 send_message 方法发送构建好的邮件对象。
请在实际使用中更换授权密码以确保安全，并在邮箱管理界面设置允许 SMTP 服务。

运行这段代码，看看我们能不能收到脚本发送的这封邮件（图 7-5）。

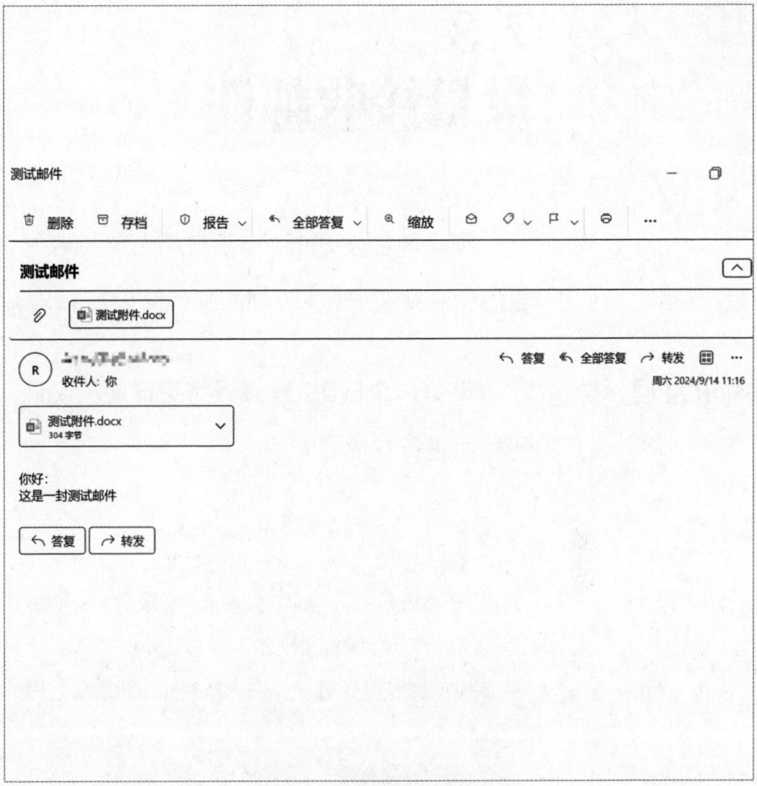

图 7-5 运行代码后接收的邮件

在办公的时候我们可以根据自己的实际情况来编辑提示词，比如将某个文件夹里的所有文件全部作为附件发送，或者将某个文档的内容读取出来作为邮件内容。

7.3 批量接收邮件

脚本能够发送邮件,那自然也能接收邮件。对于接收邮件,我们做一些设计,让收到的邮件能够比较有条理地存储。

需求整理: 设置一个日期,只接受特定日期的邮件,将收到的邮件分门别类地进行存储。

> 问:
>
> 请使用 Python 编写一段脚本,需求如下:
>
> 接收指定邮箱中的邮件,只接受 2024 年 9 月 7 日之后的邮件。在指定的路径下建立子文件夹,每封邮件都存储在独立的子文件夹中,附件单独存储。
>
> 邮件存储路径:
>
> D:\work\python- 邮件 \ 接收邮件
>
> 收件地址:
>
> XXXXXXXXXX@XXX.com
>
> 授权密码:
>
> XXXXXXXXXXXXXXXX
>
> 邮箱服务器地址:
>
> POP3 服务器:pop.163.com
>
> SMTP 服务器:smtp.163.com
>
> IMAP 服务器:imap.163.com
>
> 文心:
>
> 为了从指定的 IMAP 服务器接收邮件,并根据邮件日期筛选后保存到本地文件夹中,我们可以使用 Python 的 imaplib 和 email 库来实现这个功能。下面的脚本示例将展示如何连接到 IMAP 服务器,接收特定日期之后的邮件,并将邮件正文和附件保存到本地文件系统中。

```Python
import imaplib
import email
from email.header import import decode_header
import os
import re
import time

EMAIL_ACCOUNT = "XXXXXXXXXX@XXX.com"
PASSWORD = " XXXXXXXXXXXXXXXX" # 使用授权密码
IMAP_SERVER = "imap.163.com"
SAVE_PATH = r"D:\work\python- 邮件 \ 接收邮件 "
DATE_CUTOFF = "07-Sep-2024"
# 只接收 2024 年 9 月 7 日之后的邮件

def sanitize(text):
    """ 移除文件名中的非法字符 """
    return re.sub(r'[\\/*?:"<>|]', "", text)

def main():
    # 登录邮箱
    mail = imaplib.IMAP4_SSL(IMAP_SERVER)
    try:
        result, message = mail.login(EMAIL_ACCOUNT, PASSWORD)
    except imaplib.IMAP4.error as e:
        print(f" 登录失败：{e}")
        return
    print(f" 登录结果 : {result}, 消息 : {message}")
    if result != 'OK':
        print(" 登录失败，请检查邮箱账号和密码是否正确。")
        return

    # 选择收件箱
    result, data = mail.select('INBOX')
    print(f" 选择 INBOX 结果 : {result}, 数据 : {data}")
    if result != 'OK':
        print(" 选择收件箱失败，可能是邮箱名称不正确或权限不足。")
        return

    # 搜索指定日期之后的邮件
    search_criteria = f'(SINCE "{DATE_CUTOFF}")'
    result, data = mail.search(None, search_criteria)
    print(f" 搜索结果 : {result}, 数据 : {data}")
    if result != 'OK':
```

```python
        print("搜索邮件失败，请检查搜索条件是否正确。")
        return

    email_ids = data[0].split()
    if not email_ids:
        print("未找到符合条件的邮件。")
        return

    for email_id in email_ids:
        # 获取邮件内容
        result, data = mail.fetch(email_id, '(RFC822)')
        if result != 'OK':
            print(f"无法获取邮件 {email_id} 的内容。")
            continue
        raw_email = data[0][1]
        # 解析邮件
        email_message = email.message_from_bytes(raw_email)
        # 获取邮件日期
        date_tuple = email.utils.parsedate_tz(email_message['Date'])
        if date_tuple:
            local_date = email.utils.mktime_tz(date_tuple)
            date_str = time.strftime("%Y%m%d_%H%M%S", time.localtime(local_date))
        else:
            date_str = "NoDate"
        # 解码邮件主题
        subject = email_message['Subject']
        if subject:
            decoded_subject = ""
            for part in decode_header(subject):
                decoded_string, encoding = part
                if isinstance(decoded_string, bytes):
                    if encoding:
                        decoded_string = decoded_string.decode(encoding)
                    else:
                        decoded_string = decoded_string.decode()
                decoded_subject += decoded_string
            subject = sanitize(decoded_subject)
        else:
            subject = "NoSubject"
        # 创建邮件子文件夹
        folder_name = f"{date_str}_{subject}"
        folder_path = os.path.join(SAVE_PATH, folder_name)
        if not os.path.exists(folder_path):
```

```python
            os.makedirs(folder_path)
        else:
            # 若文件夹已存在，添加计数器
            counter = 1
            unique_folder_path = f"{folder_path}_{counter}"
            while os.path.exists(unique_folder_path):
                counter +=1
                unique_folder_path = f"{folder_path}_{counter}"
            folder_path = unique_folder_path
            os.makedirs(folder_path)
        # 保存邮件内容为 .eml 文件
        eml_file_path = os.path.join(folder_path, "email.eml")
        with open(eml_file_path, 'wb') as f:
            f.write(raw_email)
        # 处理附件
        for part in email_message.walk():
            if part.get_content_maintype() == 'multipart':
                continue
            if part.get('Content-Disposition') is None:
                continue
            filename = part.get_filename()
            if filename:
                decoded_filename = ''
                for part in decode_header(filename):
                    decoded_string, encoding = part
                    if isinstance(decoded_string, bytes):
                        if encoding:
                            decoded_string = decoded_string.decode(encoding)
                        else:
                            decoded_string = decoded_string.decode()
                    decoded_filename += decoded_string
                filename = sanitize(decoded_filename)
                attachment_path = os.path.join(folder_path, filename)
                with open(attachment_path, 'wb') as f:
                    f.write(part.get_payload(decode=True))
    mail.logout()

if __name__ == "__main__":
    main()
```

脚本功能解释：
1. 导入必要的模块：使用 imaplib 进行与 IMAP 服务器的通信，email 模块用于解析邮件内容，decode_header 用于解码邮件头，os 和 re 用于文件操作和处理，time 负责处理时间相关的操作。

2. 定义常量：
- EMAIL_ACCOUNT：用于存储邮箱账号。
- PASSWORD：用于存储邮箱授权密码。
- IMAP_SERVER：用于存储 IMAP 服务器地址。
- SAVE_PATH：保存接收邮件的本地路径。
- DATE_CUTOFF：用于过滤只接收某个日期之后的邮件。

3. 定义辅助函数 sanitize(text)：通过正则表达式移除文件名中的非法字符，以确保文件名合法。

4. 登录邮箱：通过 imaplib.IMAP4_SSL 方法与 IMAP 服务器建立 SSL 连接，并使用 login 方法登录邮箱。如果登录失败，会捕获 IMAP4.error 错误并输出相关信息。

5. 选择收件箱：使用 mail.select('INBOX') 选择收件箱，如果选择失败，会返回相应的错误信息。

6. 搜索指定日期之后的邮件：使用搜索条件 (SINCE "07-Sep-2024") 搜索 2024 年 9 月 7 日之后的邮件，结果存储在 email_ids 中。

7. 遍历邮件 ID 并获取邮件内容：通过 mail.fetch 获取每封邮件的详细内容，解析邮件后获取邮件的日期和主题。使用 decode_header 对主题进行解码，并通过辅助函数 sanitize 处理主题中的非法字符。

8. 创建邮件文件夹：根据邮件的日期和主题生成文件夹名称，并在本地路径下创建相应的文件夹。如果同名文件夹已存在，使用计数器生成唯一文件夹名。

9. 保存邮件为 .eml 文件：将原始邮件内容保存为 .eml 文件，保存在之前创建的文件夹中。

10. 处理附件：遍历邮件的各个部分，通过 get_content_maintype 和 get('Content-Disposition') 判断是否为附件。对附件的文件名进行解码，并保存附件到指定的文件夹中。

11. 登出邮箱：执行完所有操作后，通过 mail.logout() 安全退出 IMAP 服务器。

运行这个脚本，结果如图 7-6 所示。

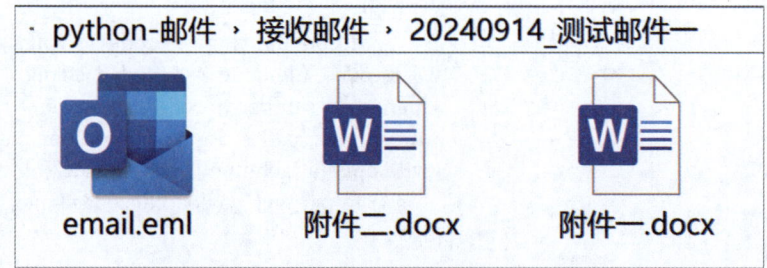

图 7-6 本地保存的邮件

为了方便统计和管理，我们将邮件进行了本地存档，如果不需要，那么可以省略这个步骤，直接选择在线查看。

结语

  如何使用 AI 赋能现有的行业将是今后很长一段时间内的重点命题，对于职场人而言，拥抱新技术是保持自身竞争力的不二法门。

  本书所期望达到的效果不仅在于会编写这些实质性的脚本，更重要的是希望能够启发各位读者对于自动化的可能性的思考。每一个脚本背后，其实都蕴含着对某一项工作流程的总结与梳理，通过结合 AI 的能力，我们不再局限于固定的模式，而是能够创造出更智能、更灵活的解决方案。

  AI 正在重塑着我们的生活，也解放我们的双手。试想一下，当日常的数据处理、文档整理、邮件管理这些工作都能在三分钟内搞定时，我们将有多少时间可以用于策略思考、创新设计或团队协作？AI 工具的真正价值就在于解除掉这些重复性的繁重作业，让人们可以将更多精力投入真正需要人类智慧的任务中去。

结 语

展望未来，AI 技术必将继续飞速发展，我们可以期待更智能的自然语言处理、更精准的数据分析，甚至能够理解和执行复杂指令的 AI 助手。我们今天学到的不仅是具体的技术，更是一种持续学习和适应的能力。在这个 AI 与人类共同工作的新时代，掌握 AI 工具将成为每个职场人的必备技能。但更重要的是，我们需要培养与 AI 协作的能力，学会提出正确的问题，设定恰当的目标，并利用 AI 的力量来实现这些目标。

当然，本书想强调的是，技术的进步应该服务于人性化的工作环境——自动化不应该导致工作的异化，而是应该为我们创造更多价值、实现自我的机会。当使用这些强大的工具时，我们也要思考如何让工作变得更有意义，如何促进团队协作，如何平衡效率和创新。

正如这本书所展示的一样，AI 驱动的办公自动化不再是遥不可及的未来，而是触手可及的现实，希望这本书能够点燃你对未来工作方式的想象，让我们携手迈向这个充满可能的新时代，用智慧和创新定义我们的工作，让每一天都充满效率与意义。

技术永远在变，但提升效率、追求卓越的心永远不变。愿你在这个 AI 赋能的新世界中，找到属于自己的独特价值，创造出令人惊叹的工作成果。让我们一起，用 Python 和 AI，继续书写办公效率的新篇章！